C. M. WIELANDS
SÄMMTLICHE WERKE

FÜNF UND DREYSSIGSTER BAND.

A R I S T I P P.

DRITTER BAND.

LEIPZIG
BEY GEORG JOACHIM GÖSCHEN. 1801.

ARISTIPPS BRIEFE.

DRITTES BUCH.

1.

Aristipp an Kleonidas.

Schon zwey bis drey Monate, lieber Kleonidas, suche ich eine Gelegenheit, dich zu benachrichtigen, daſs ich mich zum dritten Mahl wieder im Schutz der hehren Athene befinde, und durch Vorsorge unsres Freundes Eurybates eine bequeme Wohnung nicht weit vom Pompeion und dem Tempel der Demeter bezogen habe. Ich bin dadurch dem Hafen um so näher, wohin mein unbescholtener Äthiopier tagtäglich zweymahl traben muſs, um sich zu erkundigen, ob irgend ein Fahrzeug aus euern Gegenden angekommen oder dahin abzugehen begriffen sey. Aber auch jetzt danke ich es bloſs dem verwöhnten Gaumen der Athener, denen unser stinkendes Silfi zu einem unentbehrlichen Küchenbedürfniſs geworden ist, daſs ich endlich eine Gelegenheit aufgetrieben habe, diese Epistel an dich gelangen zu lassen.

Vor allen Dingen, Freund, lafs dir sagen, dafs die holden Kechenäer sich wieder auf der höchsten Spitze ihres stolzen Selbstgefühls wiegen: denn, um mit Einem Wort Alles zu sagen, sie haben wieder Mauern! und zwar noch höhere und festere als die alten, die ihnen Lysander vor zwölf Jahren niederreifsen liefs: sie haben wieder neue Mauern, und (worauf sie sich am meisten zu Gute thun) ohne dafs es sie einen Heller kostet. Du wunderst dich wie das zuging? Wisse also, dafs der schlaue Konon, ihr zweyter Themistokles, (wie sie ihn zu böser Vorbedeutung nennen) Konon, ein eben so gewandter Staatsmann als braver Seeofficier, seinen berühmten Sieg über die Spartaner bey Knidos durch seinen Gönner den Satrapen Farnabaz in einen so hohen Anschlag bey dem grofsen Könige zu bringen gewufst hat, dafs dieser eine sehr staatskluge Partey zu nehmen glaubte, wenn er den Athenern wieder zu ihrem ehemaligen Übergewicht über Sparta, seine zeitherige Feindin, und zum ersten Rang unter den Griechischen Republiken in Europa behülflich wäre. Die Wiederherstellung der Mauern von Athen (eine Kleinigkeit für die unerschöpflichen Schatzkammern des Königs der Könige) war zu dieser Absicht, und also (wie es freylich von Seiten der Perser gemeint war) zum Dienste des Königs unumgänglich Konon betrieb das Werk mit unsäglichem Eifer; alles was Hände hatte wurde angestellt; von allen Enden Griechenlands strömten die Arbeiter schaarenweise herbey; der König bezahlte mit blanken Dariken, und der Satrap liefs sich den Auftrag geben, mit einer ansehnlichen Flotte, wozu die Griechischen Städte in Karien und Ionien Mannschaft und Schiffe lieferten, die Unternehmung zu beschützen.

Mehr brauchte es nicht, um den Attischen Autochthonen — die, so lange ihre von Lysandern erlittene Schmach durch die Offenheit ihrer Stadt und ihres Hafens noch augenscheinlich beurkundet wurde, die Flügel ziemlich demüthig sinken liefsen — auf Einmal ihren ganzen Übermuth wieder zu geben. Kaum erhoben sich ihre neuen Mauern, kaum hatte ihnen Konon mit der Persischen Flotte, deren Anführung ihm der Satrap überlassen hatte, wieder zu ihrer alten Tyrannie über die kleinern Inseln verholfen, so war auch alles Vergangene wieder rein vergessen; so betrachteten sie sich selbst wieder als die Herren der Welt, und den König, ihren Wohlthäter, als ihren blofsen Zahlmeister, der es sich noch zur höchsten Ehre rechnen müsse, der „weltberühmten, schönen, fetten, veilchenbekränzten Atheneä“ ihren uralten Glanz wiedergegeben zu haben, und dem sie nicht den geringsten Dank schuldig wären, wenn er ihre Mauern auch mit gediegenem Golde hätte überziehen lassen. Aus diesem Tone kann man sie wenigstens an allen öffentlichen Orten täglich blasen hören. Sie bauen nun wieder ein Nefelokokkygia über das andere ins Blaue hinein, immer voraussetzend die Schätze des grofsen Königs würden ihnen ewig zu Gebote stehen, ob sie es schon der Mühe nicht werth halten, sich seines Wohlwollens durch eine dauerhafte Verbindung seines Interesse mit dem ihrigen zu versichern. Was die Folgen dieses demokratischen Stolzes und der falschen Mafsregeln, wozu er sie verleiten wird, seyn müssen, läfst sich, ohne dafs man ein Tiresias zu seyn braucht, leicht voraus sehen. Aber die kurzsinnige Attische Aufgeblasenheit sieht nichts voraus, wird durch keine Erfahrung klüger, und begeht alle ihre grofsen und kleinen Thorheiten immer als ob es das erste Mahl wäre. — Doch, kein Wort weiter von Athenischen Staatsverhältnissen und demokratischen Albernheiten! Weifs ich denn nicht, wie widerlich und langweilig dir, mit Recht, diese Dinge sind? Auch soll es das letzte Mahl seyn, dafs ich dich damit behellige! — Ein anderes wär' es, wenn ich dir von Zeit zu Zeit eine Aristofanische Komödie im

Geschmack der Acharner, der Ritter und der Vögel mitzutheilen hätte, die dir ohne einen kleinen Kommentar nicht immer verständlich wären. Aber solche Früchte bringt der Attische Boden nicht mehr hervor. Die Wiederherstellung der Demokratie hat zwar das Gesetz gegen den Mifsbrauch der ungezügelten Freyheit der alten Komödie ziemlich unkräftig gemacht: aber Zeit und Umstände scheinen unvermerkt auch auf diesen Zweig der öffentlichen Unterhaltung zu wirken, und ich betrachte die Komödie, wie ich sie seit meiner Zurückkunft finde, als den Übergang zu einer künftigen neuen Gattung, deren regelmäfsigere und elegantere Form eine natürliche Folge der, in umgekehrtem Verhältnifs mit der Abnahme der demokratischen Ungezogenheit, immer steigenden Verfeinerung des Geschmacks und der Sitten seyn wird. Indessen läfst gleichwohl die leichtfertige Muse des Dichters der Wolken weder ihrer unnachahmlichen Genialität noch ihrem gewohnten Muthwillen so enge Schranken setzen, dafs sie sich nicht noch immer bald einzelne Hiebe mit derselben Geifsel, die vor dreyfsig Jahren einen Kleon bis auf die Knochen zerfleischte, bald Züge von eben demselben neckenden Spott, womit sie einst einen Lamachus, Euripides, Nicias, Alcibiades, ja den unsträflichen Sokrates selbst verfolgte, und bey jeder Gelegenheit die bittersten Sarkasmen über das Volk und die Regierung von Athen erlauben sollte. Sein neuestes Stück, der Weibersenat betitelt, (welches ich für dich abschreiben lasse) enthält ziemlich starke Beweise hiervon, ist aber dabey so ekelhaft schmutzig, daſs ich, wiewohl es von feinerem Witz und trefflichen Einfällen strotzt, mir doch kaum getraue, es dir vor die Augen zu bringen.

Eine meiner ersten Angelegenheiten, nachdem ich von meiner neuen Wohnung Besitz genommen hatte, war, die alte Bekanntschaft (Freundschaft kann ich sie ehrlicher Weise nicht wohl nennen) mit den Attischen Sokratikern zu erneuern. Der gute Kriton war seinem geliebtem Freunde schon vor einigen Jahren in das unbekannte Land nachgezogen, wovon Plato in seinem Fädon so viel Wunderbares zu berichten hat. Stilpon lebt zu Megara, Cebes und Simmias sind nach Theben zurückgekehrt, und streuen dort guten sokratischen Samen aus. Unter den Anwesenden wurde ich von dem wackern Gerber Simon, von Kritobulus (der unserm Meister durch sein Leben als Hausvater und Bürger Ehre macht) und von Äschines, des Lysanias Sohn, am freundlichsten empfangen; von Plato kalt und vornehm, von

Antisthenes (der mit den Jahren nicht milder geworden ist) ein wenig — cynisch. Es war als ob er mich erst von allen Seiten beschnappern müſste, bevor er mich erkannte, und einige Freude über unser Wiedersehen äuſserte; welches letztere übrigens alle bejahrte Leute zú thun pflegen, wenn ihnen ein jüngerer Bekannter nach langer Zeit wieder zu Gesichte kommt. Im Grunde ist es nicht sowohl das Vergnügen über unser Daseyn, als die Freude darüber, daſs sie selbst noch da sind, was sie uns dadurch zu erkennen geben.

Ich fange an sehr lebhaft zu fühlen, daſs uns beym Eintritt in die männlichen Jahre, eine bestimmtere Art von Beschäftigung immer unentbehrlicher wird. Ohne gerad' eine förmliche Schule zu eröffnen, und ein Aristofanisches Frontisterion aus meinem Hause zu machen, bin ich entschlossen, nach dem Beyspiel des Sokrates und in seiner Manier (so ferne ich sie ohne Anmaſsung und Nachäfferey zur Meinigen machen kann) einen Theil meiner Zeit einigen fähigen Jünglingen, die sich zu mir halten wollen, zu widmen. Zu diesem Ende ist ein gegen den Garten offener Säulengang meines Hauses täglich etliche Stunden einem jeden geöffnet, der sich darin ergehen und an den kleinen Gesellschaft, die sich da zusammen zu finden pflegt, als Mitsprecher oder als bloſser Zuhörer Antheil nehmen will. Diese Gallerie ist mit auserlesenen Gemählden geziert; und unter einigen Stücken von Polygnotus, Zeuxis, Pausias, Parrhasius und Timanthes, glänzen die trefflichen Kopeyen von deinem Tod des Sokrates und dem Ende des unglücklichen Kleombrotus so sehr hervor, daſs sie gewöhnlich die Augen der hierher Kommenden zuerst auf sich ziehen, und am längsten festhalten. Mitunter fallen auch ziemlich komische Dialogen vor, wie z. B. der folgende, den ich dir, weil er mir noch ganz frisch im Gedächtniſs liegt, zur Kurzweil mittheilen will.

Ein edler junger Athener trat mit einem zierlich gekleideten fremden Jüngling Arm in Arm in die Gallerie. Sie eilten mit flüchtigen Blicken von einem Bilde zum andern, und blieben endlich vor dem Tode des Sokrates stehen.

Kein unfeines Stück, sagte der Athener mit einer kalten Kennermiene.

Der Fremde. Was es wohl vorstellt?

Ich. Vermuthlich Sich Selbst.

Der Fremde. Wie meinst du das?

Ich. Um mich deutlicher zu erklären, es ist eine Art von Räthsel, oder Hieroglyf.

Athener. Das nenn' ich sich deutlich erklären! Es gehört also ein Schlüssel dazu?

Ich. Er steckt im Gemählde.

Der Fremde. Wie kriegt man ihn aber heraus?

Ich. Jeder mufs ihn selbst finden; darin liegt ja der Spafs bey allen Räthseln.

Der Athener. Wenn's der Mühe des Suchens werth ist.

Der Fremde. Ich wollte wetten, dieses hier stellt den Tod des Sokrates vor.

Ich. Ich auch; aber wenn du darauf wetten wolltest, warum fragtest du?

Der Fremde. Um meiner Sache gewifs zu seyn. Nun sehe ich wohl, je länger ich's betrachte, dafs es nichts anders ist. Ich kenne die meisten dieser Männer von Person; sie sind zum Sprechen getroffen. Den alten Filosofen hab' ich freylich nicht mehr besuchen können, weil er schon lange todt war; aber man erkennt ihn auf den ersten Blick an seiner Silenengestalt, an der aufgestülpten Nase, und an dem Giftbecher, den er so eben aus der Hand des Nachrichters empfangen hat.

Ich. Gut für mich, daſs der Mahler dieses Bildes uns nicht zuhört.

Der Fremde. Wie so, wenn man fragen darf?

Ich. Weil er seine Arbeit in den nächsten Ziegelofen werfen würde, wenn er dich so reden hörte.

Der Fremde. Ich dächte doch nicht, daſs ich etwas so unrechtes gesagt hätte. Es verdrieſst dich doch nicht, daſs ich den Schlüssel zu deinem Räthsel so leicht gefunden habe?

Ich. Als ob man dir so was nicht auf den ersten Blick zutraute!

Der Fremde. Gar zu schmeichelhaft! Ich gebe mich für keinen Ödipus aus; aber das darf ich sagen, mir ist noch kein Räthsel vorgekommen, das ich nicht errathen hätte.

Ich. Mit Erlaubniſs, was bist du für ein Landsmann?

Der Fremde. Ein Abderit, zu dienen.

Ich. So denk' ich, wir lassen das Gemählde wo es ist.

Der Fremde. Zum Verbrennen wär' es wirklich zu gut.

Der Athener. Das sollt' ich auch meinen. Wenn es dir über lang oder kurz feil werden sollte, lieber Aristipp, so bitt' ich mir den Vorkauf aus. Es hat ein warmes Kolorit, und sollte sich nicht übel in der Gallerie ausnehmen, die ich nächstens von meinem alten Oheim, dem General, zu erben hoffe. Und hiermit schenderten die jungen Gecken wieder fort. Das lustigste ist, dafs der Fremde (der sich Onokradias nennt, und ein Sohn des Archon von Abdera seyn soll) von dieser Stunde an eine sonderbare Anmuthung zu meiner Person äufsert, und mich allenthalben, wo es nur immer angehen will, wie mein Schatten begleitet. Du wirst lachen, Kleonidas, aber ich habe wirklich grofse Lust einen Versuch zu machen, ob ich aus diesem Stück Feigenholz, wo nicht einen Merkur, wenigstens — einen leidlichen Abderiten schnitzeln könne. Der junge Mensch zeichnet sich durch eine ganz eigene Mischung von treuherziger Albernheit, und plattem instinktartigen Hausverstand, mit einer Porzion gutlauniger Schalkheit und angeborner Arglosigkeit versetzt, so sonderbar zu seinem Vortheil aus, dafs ich mich leicht an seine Gesellschaft gewöhnen könnte. Vermuthlich um sich in desto gröfsere Achtung bey mir zu setzen, machte er mich ungefragt mit seiner ganzen Familie bekannt. Sein Vater, zur

Zeit erster lebenslänglicher Vorsteher der Republik Abdera, nenne sich, (sagte er) Onolaus der zweyte. Mein Groſsvater, fuhr er fort, der als Nomofylax starb, führte meinen Nahmen, oder vielmehr ich den seinigen; denn ihm zu Ehren nannten sie mich Onokradias. Mein Ältervater Onages folgte seinem Vater Onolaus dem ersten in der Würde eines Stadthauptmanns; und so gings immer in aufsteigender Linie fort, so daſs ich mich im Nothfall rühmen könnte, von einem der ältesten und verdientesten Häuser unsrer Republik abzustammen. — Aber, fragte ich ihn, was kann wohl, wenn diese Frage nicht unbescheiden ist, die Ursache seyn, warum deine Voraltern eine so sonderbare Vorliebe zu dem Worte onos gefaſst haben, daſs von dem Ältervater des Ältervaters her alle euere Nahmen mit onos zusammengesetzt sind? Nicht, als ob es Euch in meinen Augen nicht zur Ehre gereichen sollte, daſs ihr das Vorurtheil verachtet, welches gewissen Nahmen einen gewissen Einfluſs — Ich verstehe, fiel er mir lachend in die Rede: wir könnten wohl mit gutem Fug stolz darauf seyn, daſs wir vielleicht die Einzigen sind, die einem ungerechter Weise zurückgesetzten wackern Hausthiere die ihm gebührende Ehre nicht versagen. Wenigstens sehe ich nicht, warum Löwe und Wolf, oder Pferd und

Ochs, die sich in so vielen Griechischen Nahmen hören lassen, hierin ein Vorrecht vor dem Esel haben sollten. Aber das ist denn doch die wahre Ursache dieser sonderbaren Familiensitte unsers Hauses nicht: dieser liegt eine eben so sonderbare Begebenheit zum Grunde. Einer meiner Ahnherrn lag an einem Brustgeschwür so krank darnieder, daſs die Ärzte versicherten, der Augenblick, da es aufbräche, würde der letzte seines Lebens seyn. In banger Erwartung standen alle seine Kinder und Hausgenossen um ihn her, als der Kranke durch die offne Thüre seines Gemachs einen Esel erblickte, der von ungefähr über einen groſsen Korb voll Feigen gerathen war, und während er mit der gierigsten Freſslust in dieses ihm so ungewohnte Ambrosia hineinarbeitete, sein ekelhaftes Wohlbehagen durch die seltsamsten Maulverzerrungen zu erkennen gab. Dieser Anblick kam dem Kranken so possierlich vor, daſs er in ein heftiges Gelächter ausbrach, wovon das besagte Geschwür so glücklich zerplatzte, daſs seine Brust in wenig Augenblicken wieder frey ward, und es dem Arzte nun ein leichtes war, den Kranken in kurzer Zeit gänzlich wieder herzustellen. Sofort beschloſs mein Ahnherr im ersten Feuer seiner Dankbarkeit, das Andenken einer so wunderbaren Rettung auch auf eine auſserordentliche Art in seiner

Familie zu verewigen. Er nahm nicht nur selbst auf der Stelle den Nahmen Onogelastes an, sondern legte zugleich seinem Sohn und seinem Enkel die Nahmen Onobulus und Onomemnon bey, und verordnete als ein unverbrüchliches Familiengesetz, daſs von nun an zu ewigen Zeiten alle seine Abkömmlinge männlichen Geschlechts keine andern als mit onos zusammengesetzte Nahmen führen sollten. Überdieſs machte er auch eine Stiftung, aus welcher, bereits über drey hundert Jahre lang, jährlich an dem Tage des besagten Wunders allen Eseln in ganz Abdera zehen trockne Feigen auf den Kopf gereicht werden; daſs also das Gedächtniſs dieser Begebenheit sogar die gänzliche Erlöschung unsrer Familie (welche die Götter verhüten wollen!) überleben, und wenigstens so lange dauern wird, als die Stadt Abdera auf ihren Fundamenten stehen bleibt."

Ich weiſs nicht, Kleonidas, ob ich dich um Vergebung bitten muſs, daſs ich dich mit solchen Albernheiten unterhalte; mir ist ein Mensch wie dieser Onokradias in seiner Art eben so merkwürdig, als irgend ein anderer ausgezeichneter Mann in der seinigen. Der Fehler ist nur, daſs ich dir den Ton und die Miene des ehrlichen Abderiten nicht unmittelbar darstellen kann. Gewiſs, du würdest finden, daſs ich nicht so Unrecht habe, diesen würdigen Abkömmling des edeln Onogelastes in mein Herz zu schlieſsen.

Eurybates erinnert sich euer oft und mit vielem Wohlwollen. Die schöne Droso besitzt nicht nur die Gabe glänzende Eroberungen zu machen; sie weiſs sich auch in ruhigem Besitz derselben zu erhalten, und unser Freund scheint die leichten goldnen Kettchen, womit sie ihn an sich gefesselt hat, mit sehr guter Art zu tragen. Sie hat ihn mit einem Sohne beschenkt, der ihm an Gestalt und Sinnesart so ähnlich ist, daſs er sich (was nicht bey allen Athenern der Fall seyn soll) ohne sich selbst oder andern lächerlich deswegen vorzukommen, ganz laut zu ihm bekennen darf.

Ich brauche dir nicht zu sagen, wie groſs mein Verlangen nach guten Nachrichten von meinen Geliebten in Cyrene ist, und wie sehr ich dirs danken werde, wenn du einen Weg ausfindig machst, wie wir uns oft und sicher schreiben können. Melde mir auch mit zwey Worten, wie das neue Räderwerk eurer Republik geht, und sage meinem guten Bruder viel freundliches in meinem Nahmen.

2.

An Lais.

Ich bin dir, Dank sey den Göttern, wieder so nahe, meine schöne Freundin, als es die stolze Minervenstadt „dem reichen mit schönen Kindern prangenden Vorhof des Isthmischen Poseidons" ist. [1]) Im Grunde thut freylich, wenn man einander nicht mit den Armen oder wenigstens mit den Augen erreichen kann, eine halbe Parasange für den Augenblick so viel Wirkung als ein halb Tausend: aber die Vorstellung, daſs ich jetzt nur zwey Tage brauche, um in deinen Armen zu seyn, ist doch etwas ganz anderes, als der trübselige Gedanke, daſs eine ganze Odyssee voll Länder, Gebirge, Ströme und Meere zwischen uns liegt; was noch vor wenig Monaten der Fall deines landstreichenden Freundes war. Doch dieſs ist nun hinter mir, und mit jedem Mondeswechsel rückt der Augenblick näher, der mich, wenn du anders noch Ebendieselbe für mich bist, für die Entbehrungen von fünf langen Jahren entschädigen wird. Ich lass' es nicht fehlen, täglich die andächtigsten Gelübde an den mächtigen Erderschütterer abzuschicken; und mit welchem Zauber auch die neuaufgefrischten Reitze der schönen Athenä, deiner einzigen Nebenbuhlerin, auf mich wirken mögen, diefsmahl soll mich gewifs nichts verhindern, auf der Veilchenbank deines stillen Myrtenwäldchens den Nachtigallen an deinem Busen zuzuhören.

Übrigens gesteh' ich gern, dafs der Aufenthalt zu Athen nach einer so langen Abwesenheit wieder grofse Annehmlichkeiten für mich hat. Ich lebe auf einem ganz hübschen Fufs, und mache doch einen so mäfsigen Aufwand, dafs ich mit dreyhundert Drachmen des Monats reichlich auszulangen gedenke. Wenn du dich des Repphuhns für funfzig Drachmen noch erinnerst, so wirst du hoffentlich meiner Frugalität das gebührende Lob nicht versagen, wiewohl sie in Vergleichung mit der Genügsamkeit eines Plato, und dem täglichen Triobolon des Antisthenes noch immer den Vorwurf der Üppigkeit verdient, der mir von den geschwornen Anhängern der Nothfilosofie gemacht wird. Ich würde mich leicht darüber trösten, wenn mir diese Herren nur von Zeit zu Zeit die Ehre erweisen wollten, sich zur Abwechselung mit einem kleinen Symposion in Cyrenischem Geschmack von mir beköstigen zu lassen: aber da sie (den einzigen Äschines ausgenommen) zu einer so grofsen Herablassung zu stolz sind, so mufs ich mich, wenn ich Gesellschaft haben will, schon mit Tragischen Dichtern, Komödienmachern, Mahlern, Bildnern, Musikern, Kaufleuten, Seefahrern, reisenden Fremden und dergleichen, behelfen, und befinde mich, wie du mir gerne glauben wirst, nicht desto schlimmer dabey.

Indessen lass' ich mich weder die kalte Höflichkeit deines Günstlings Plato, noch die wolkenversammelnden Augenbrauen und die gerümpfte Nase des schmutzigen Antisthenes abschrecken, die Speziergänge der Akademie und das Cynosarges öfters zu besuchen, und ich habe dieser Herablassung zwey gleich sonderbare und interessante, wiewohl sehr von einander abstechende Bekanntschaften zu danken; die eine mit einem ausgemachten, übrigens sehr verständigen und witzigen — Narren; die andere mit einem jungen Hermafroditen, der entweder eine Art von Platonischem Androgyn, oder (was ich eher glauben möchte) weder mehr noch weniger als — ein verkleidetes Mädchen ist. Es wäre dir vielleicht nicht unangenehm seyn, Laiska, wenn ich auch dich ein wenig näher mit diesen Merkwürdigkeiten der Cynosarge und Akademie bekannt mache.

Beym zweyten oder dritten Besuch, den ich dem alten Antisthenes abstattete, fand ich einen jungen Mann von Sinope bey ihm, der seine schmale Lebensweise Anfangs vermuthlich aus bloſser Noth nachgeahmt haben mochte, sich aber bey der Unabhänglichkeit, die sie ihm verschaffte, so wohl befand, daſs er den Sokratism in diesem Stücke noch weiter treibt, als Antisthenes selbst, und sich nicht wenig damit weiſs, daſs er alle seine Bedürfnisse in einem kleinen Quersack immer mit sich trage. — „Und was meinst du, fragte er mich lachend, was in meinem Quersack ist? — Ein hölzerner Becher, eine halbe Metze Wolfsbohnen, und ein alter schwarzgebrannter etwas gebrechlicher Napf aus der Verlassenschaft der königlichen Bettler des Euripides. Ich gestehe, vor wenig Tagen war ich noch um einen Haarkamm reicher, der aber einen Zacken weniger hatte, als eine meiner Hände! Die besten Gedanken kommen uns wie durch Eingebung. Bin ich nicht ein Thor, dacht' ich, indem ich von ungefähr meine Finger überzählte, daſs ich, im Besitz eines Paars zehnmahl bequemerer und zierlicherer Kämme, womit mir die Natur selbst ausgeholfen hat, mich noch mit einem so armseligen Kunstwerkzeug schleppen mag? Fort damit, in den Ilissus!"

Diese seltsame aber genialische Laune, die mit zu viel Frohsinn gepaart ist, um geheuchelt zu seyn, und von der menschenfeindlichen Roheit eines Timons, und dem grämlichen Ernst des runzligen Antisthenes gleich stark absticht, würde mich anreitzen, die Freundschaft dieses jungen Mannes zu suchen, wenn ihm sein Stolz nicht in den Kopf gesetzt hätte, daſs die Freundschaft eines Menschen meiner Art für Seinesgleichen nur ein eufemisches Synonym von Schmarotzerey und Unterwürfigkeit sey. Ich versuchte es einsmahls, ihn zu einem sehr frugalen, ächt sokratischen Abendessen einzuladen. „Wenn ich keine Wolfsbohnen mehr in meinem Quersack finde, lade ich mich von freyen Stücken bey dir ein," war seine Antwort. — Wir sehen uns also nur zufälliger Weise. Vor einigen Tagen traf ich ihn bey einem Brunnen an, da er eben Wasser aus seiner hohlen Hand schlürfte. „Wer sollte gedacht haben, sagte er zu mir, daſs ein Lehrling des weisen Antisthenes durch einen Betteljungen noch weiser werden könnte? Es sind noch nicht zwey Stunden, daſs ein geborner Filosof ans dieser Zunft mich von der Entbehrlichkeit meiner hölzernen Trinkschale überzeugt hat. Ich habe sie, fuhr er lachend fort, dem vierzähnigen Kamm in den Ilissus nachgeschickt." — Was fehlt wohl diesem Narren, um reicher und glücklicher zu seyn als ein König?

Nun auch etwas von meinem neuentdeckten Hermafroditen. Als ich die Akademie, wo Plato sich nicht selten öffentlich hören läſst, zum ersten Mahle besuchte, zog ein schöner Jüngling meine Augen auf sich, der kaum siebzehn Jahre zu haben schien, und sich immer, so nah er konnte, zu Speusippus hielt. Man sagte mir, er nenne sich Kleofron, sey der Sohn eines Bildhauers von Sicyon, und, von einer heftigen Liebe zur Filosofie entbrannt, nach Athen gekommen, wo er jetzt einer von Platons eifrigsten Schülern sey.

Der junge Mensch, wie er merkte daſs ich ihn aufmerksamer als andere betrachtete, schlug seine groſsen rabenschwarzen Augen so mädchenhaft erröthend nieder, daſs mich sogleich ein Zweifel anwandelte, ob der vorgebliche Kleofron nicht etwa die schöne

Lasthenia seyn könnte, mit welcher Speusipp (wie du mir vor geraumer Zeit schriebst) in deinem Hause Bekanntschaft gemacht hatte. Was mich in dieser Vermuthung bestätiget, ist der Umstand, daſs von allen Freunden und Anhängern Platons gerade sein Neffe der einzige ist, der sich (wiewohl mit einiger Behutsamkeit) um meine Freundschaft zu bewerben scheint. Seit kurzem hat auch der schöne Kleofron angefangen sich mir zu nähern; er ist sogar mit Speusipp in meine Gallerie gekommen, um die Gemählde zu besehen, von welchen (wie er sagte) in Athen so viel gesprochen werde. Er machte einige Bemerkungen, welche stark nach der Quelle schmeckten, woraus er sie geschöpft hatte; besonders schien er bey dem Bilde des unglücklichen Kleombrot mit Nachdenken und Rührung zu verweilen. Wenn dieser Sicyonische Knabe, wie ich nicht länger zweifele, deine Lasthenia ist, so muſs ich ihr das Zeugniſs geben, daſs sie der von dir empfangenen Bildung durch ihre Sittsamkeit nicht weniger Ehre macht, als durch die Lebhaftigkeit ihres Geistes. Auch benimmt sie sich in allem mit so vieler Besonnenheit und Gewandtheit, daſs ihr Geschlecht von niemand, der nicht, wie ich, schon vorher auf der Spur ist, so leicht entdeckt werden dürfte, in so fern sie nur eine gute Ausrede bey der Hand hat, sich den Übungen auf der Palästra zu entziehen. Plato wenigstens scheint nicht den mindesten Argwohn zn hegen, und die Liebe seines Neffen zu dem schönen Knaben um so weniger zu miſsbilligen, da beide, der Liebhaber und der Geliebte, erklärte Verehrer des Systems der begeisterten Diotima sind, von welcher sein Sokrates die subtile Theorie der übersinnlichen Knabenliebe (die er der Tischgesellschaft des gekrönten Dichters Agathon so redselig vorträgt) in seiner Jugend gelernt zu haben vorgiebt. Daſs dieser Speusipp ein kleiner Heuchler ist, brauche ich dir nicht zu sagen; im übrigen rechtfertigt er alles, was du mir von seiner Liebenswürdigkeit angerühmt hast, vollkommen, und ich gefalle mir sehr in seinem Umgang; zumahl da ich dadurch Gelegenheit erhalte, mit dem Geiste der Filosofie seines Oheims und mit seiner geheimen Lehre noch bekannter zu werden.

Übrigens bestätiget mich jeder Besuch, den ich in der Akademie und Cynosarge abstatte, in der schmeichelhaften Meinung, daſs, wofern ich mich je entschlieſsen sollte, mein Biſschen Weisheit der Welt ebenfalls auf öffentlichen Straſsen, Marktplätzen und

Hallen, oder in Gärten, Gymnasien und Hainen aufzudringen, es sich am Ende leicht finden dürfte, dafs der üppige, von seinen ehemahligen Kameraden ausgeschlossene und bey jeder Gelegenheit hämisch angestochene Aristipp von Cyrene, alles gehörig zurechte gelegt, noch immer der ächteste unter allen Sokratikern ist.

Diese Zeit ist vielleicht nicht mehr weit entfernt. Ich fühle dafs mir zu einer völlig behaglichen Existenz nichts abgeht, als eine bestimmte Beschäftigung, und die angenehme Selbsttäuschung, dafs ich der Welt zu etwas nütze sey. Ich habe seit zehen Jahren viel gesammelt, in der That mehr als ich für meinen eigenen Bedarf nöthig habe. Ich mufs mich des Überflüssigen entladen, und andern mittheilen, was ich entweder für mich selbst nicht brauche, oder was man mittheilen kann, ohne selbst ärmer zu werden. Indem ich andere lehre, bringe ich meinen eigenen Vorrath alles dessen, was ich durch Erfahrung, fremden Unterricht, Reisen, Forschen und Nachdenken erworben habe, in bessere Ordnung, sehe was davon für mich selbst und andere brauchbar ist, und werde im Grunde nur desto reicher, je mehr ich wegzugeben scheine. Ich melde dir diefs vorher, damit du dich nicht gar zu sehr entsetzest, wenn dir zu Ohren kommen sollte, Aristipp mache zu Athen den Sofisten, und habe einen Haufen offner Geelschnäbel, die sich von ihm ätzen lassen, um sich her so gut als ein anderer. Auf alle Fälle wirst du, hoffe ich, das Beste von mir denken, und mir zutrauen, daſs ich niemanden Kohlen für Gold verkaufen werde.

Wie nahe mir auch zuweilen meine Einbildungskraft unser Wiedersehen vor die Augen rückt, so kann ich mir doch nicht verbergen, daſs bis dahin noch fünf ganze Monate mit schweren bleyernen Füſsen vorüber kriechen werden. Wie betrügen wir einen so langen zwischen uns liegenden Zeitraum? Deine Briefe allein, beste Laiska, könnten ihn verkürzen, indem sie ihn in eben so viele kleinere theilten, durch welche ich, in stetem Wechsel von Erwartung und Genuſs, wie von einer kleinen Insel zur andern, über diesen langweiligen Sund hinüber schwimmen würde.

3.

Lais an Aristipp.

Sollte wohl mein alter Freund Aristipp im Ernst zweifeln können, ob ich noch eben dieselbe für ihn sey? Ich will es nicht glauben; denn was würde mir ein solcher Zweifel anders sagen, als er selbst sey nicht mehr eben derselbe für mich?

Da die Natur mir, ich weiſs nicht wie viel oder wie wenig, dadurch versagte, daſs sie mich der tragikomischen Leidenschaft, die man Liebe nennt, unempfänglich gemacht hat, so ist sie dagegen so gerecht, oder so gütig gewesen, mich desto reichlicher mit allen Eigenschaften und Tugenden auszustatten, die zu einer warmen, wenig eigennützigen, aber desto beharrlichern Freundschaft erfordert werden. Überdieſs hat die meinige, ohne den geringsten Zusatz von den Unarten und Quälereyen der Liebe, so viel von ihren Annehmlichkeiten, daſs ich glaube, msn sollte sich damit behelfen können, ohne daſs man sich darum eben viel auf seine Genügsamkeit einzubilden hätte.

Deine dermahlige Einrichtung und Lebensweise zu Athen hat meinen ganzen Beyfall, und besonders wünsche ich dir zu deiner guten Wirthschaft Glück. Noch fehlt viel, daſs ich mich hierin mit dir messen dürfte; denn die Summe, womit du einen ganzen Monat auszukommen gedenkst, reicht in einer Haushaltung wie die meinige öfters kaum zwey Tage. Du wirst über meine leichtsinnige Gleichgültigkeit gegen die Folgen eines solchen Aufwandes erschrecken: ich muſs dir also zum Troste sagen, daſs ich vorsichtiger bin, als du mir zugetraut hättest, und durch Vermittlung meines Freundes Eufranor (dessen älterer Bruder in einem groſsen Handelsverkehr mit Cypern, Ägypten und den Küsten des Arabischen Meerbusens steht) Mittel und Wege gefunden habe, ein sehr beträchtliches Kapital so vortheilhaft geltend zu machen, daſs eine doppelt so groſse Ausgabe als meine gewöhnliche ist meine Freunde nicht beunruhigen darf. Laſs dich also, wenn du sehen wirst, daſs es noch ziemlich auf Persischem Fuſs bey mir zugeht, durch keine sorglichen Gedanken im frohen Genuſs des Gegenwärtigen stören; und wofern du über kurz oder lang in den Fall kommen solltest, deiner rühmlichen Frugalität noch engere Grenzen zu setzen, so bediene dich ungescheut der Rechte der Freundschaft, und schöpfe aus der Kasse deiner Laiska wie aus deiner eigenen. Wir müſsten es beide sehr arg treiben, wenn wir so leicht auf den Boden kommen sollten. Die Nothfilosofie des Cynosarges wäre ja wohl in einem solchen Fall eine Art von Zuflucht. Aber (nichts von mir selbst zu sagen) wie groſs auch meine Meinung von der Gewandtheit ist, womit du dich in alle Launen des Glücks zu schicken weiſst, so zweifle ich doch sehr, daſs du es jemahls so weit in der Kunst zu darben, bringen würdest, deine ganze Habe mit so vieler Genialität und Grazie in einem leichten Quersack auf der Schulter zu tragen, wie der junge Cyniker, dessen negativen Reichthum du bey drey hundert Drachmen monatlich so beneidenswürdig findest.

Du bist, wie ich sehe, mit einem auſserordentlich feinen Spürsinn für unser Geschlecht begabt, daſs du den schönen Jüngling von Sycion, den wir so gut verzaubert zu haben meinten, nur mit einem Blick zu berühren brauchtest, um ihn in seine natürliche Gestalt zurückzunöthigen. Er ist in der That eben dieselbe leibhafte Lasthenia, von welcher ich dir einst sagte, sie sey auf gutem Wege, mir einen schönen, wiewohl sehr glatten und schlüpfrigen Ahl, der sich in meinen Reitzen verfangen hatte, undankbarer und hinterlistiger Weise vor dem Munde wegzufischen. Aber freylich war die Eroberung eines Neffen des göttlichen Plato eine zu glänzende Versuchung für die Eitelkeit einer sechzehnjährigen Schwärmerin; und was hättest du von mir denken müssen, wenn ich fähig gewesen wäre, sie ihr zu erschweren? zumahl da der Fisch von selbst so gierig auf die goldne Fliege zufuhr. Wie dem aber seyn mochte, genug ich konnte oder wollte nicht verhindern, dafs sich unvermerkt ein zärtliches Verständnifs zwischen ihnen entspann, das mir desto mehr Kurzweile machte, je sorgfältiger die Kindsköpfe es vor mir zu verheimlichen suchten. Als er Korinth wieder verliefs, glaubten beide ihr Spiel beym Abschied recht fein zu spielen: aber dafür richtete nun die Leidenschaft des Mädchens für die Platonische Filosofie einen desto gröfsern Unfug in ihrem Köpfchen an. Speusipp schickte ihr fleifsig alles was er von seines Oheims Werken habhaft werden konnte, und sie besafs schon eine geheime Abschrift vom Symposion, bevor andere die geringste Ahnung von seinem Daseyn hatten. Das ganz davon entzückte Mädchen konnte sich nicht halten, es mir unter dem Siegel der heiligsten Verschwiegenheit mitzutheilen, zeigte mir aber bald, dafs es nicht ohne eigennützige Absicht geschehen war. Kurz, von einer dreyfachen Zaubermacht — der Muse des göttlichen Plato, der erotischen Filosofie der Seherin Diotima, und ihrer eigenen geheimen Neigung zu dem glücklichen Speusippus gänzlich überwältigt, erklärte sie mir endlich in einer schönen Mondnacht, dafs sie nicht länger leben könne, wenn ich ihr nicht zu dem Glücke verhelfe, den herrlichen Mann selbst zu sehen, zu hören und zu seinen Füfsen zu sitzen, von dessen Lippen die Musen diese Nektarflüsse himmlischer Weisheit strömen liefsen. — Was war da zu thun? Ich konnte doch nicht so felsenherzig seyn, dem armen Kinde die Befriedigung eines so unschuldigen Verlangens zu versagen? Oder hätte ich sie dafür bestrafen sollen, dafs sie mich über den wahren Gegenstand ihrer Leidenschaft zu täuschen suchte? Vielleicht täuschte sie sich noch selbst; oder, wo nicht, wie konnte ich ihr aus dem jungfräulichen Gefühl, das sie zurückhielt, ein Verbrechen machen? Und in jedem Falle, wär' es nicht unedel von mir gewesen, wenn ich die Abhänglichkeit von mir, in welche ein freygebornes Mädchen zufälliger Weise gerathen war, hätte mifsbrauchen wollen, ihr das Geheimnifs ihres Herzens wider ihren Willen abzudringen? — Ganz aufrichtig zu reden, mochte mein natürlicher Hang zu einer gewissen dramatischen Knotenknüpferey, und die Neugier, was aus diesem kleinen Abenteuer werden könnte, wohl auch etwas, und vielleicht das meiste beytragen, jenen theoretischen Beweggründen mehr Gewicht zu geben, als sie sonst gehabt hätten. Mit Einem Wort, ich liefs mich gewinnen, und machte mir sogar ein Geschäft daraus, sie in der ungewohnten Knabenrolle (denn als Mädchen konnte sie doch den Zutritt in der Akademie nicht zu erhalten hoffen) zu unterrichten und mit allem auszustaffieren, was sie haben mufste, um den Sohn eines Sicyonischen Bildhauers so natürlich als möglich vorzustellen; und als alles das in seiner Ordnung war, liefs ich sie von einem vertrauten alten Diener, der die Rolle ihres bisherigen Pädagogen spielte, sicher an Ort und Stelle bringen, Wie gut die kleine Schelmerey von Statten ging, hast du selbst gesehen.

Glücklicher Weise hatte uns die Natur treulich vorgearbeitet. Denn Lasthenia besitzt wirklich mehr die Gesichtsbildung eines schönen Knaben, als eines Mädchens; der Ton ihrer Stimme ist tief, wiewohl sanft und wohlklingend; dabey ist sie, verhältnifsmäfsig, ziemlich stark von Muskeln und Knochen, etwas breit von Schultern und schmal von Hüften, und hat nicht viel mehr Busen als ein frischer wohlgenährter Jüngling ihres Alters zu haben pflegt; so dafs sie, im Nothfall (mit Vorbehalt einer ganz kleinen Bedeckung) auf der Palästra selbst für einen Jüngling gelten könnte. Wir haben aber dafür gesorgt, dafs sie von dieser Seite nicht angefochten werden darf: denn sie ist mit einer Vorschrift von ihrem ehmahligen Arzte versehen, worin ihr wegen Schwäche ihrer Brust alle heftigere Leibesübungen, eine mäfsige Bewegung zu Pferde ausgenommen, scharf verboten sind. Du siehst dafs nichts vergessen worden ist, der Akademie eine so gelehrige Schülerin, und dem wackern Speusipp eine so schöne Gelegenheit sich in der Platonischen Liebe zu üben, so lange zu erhalten, als beide verständig genug seyn werden, sich ihr Spiel nicht selbst zu verderben. In diesem Stücke traue ich dem Mädchen nur halb; denn sie hat, bey allen ihren vorbesagten guten Anlagen, einen ungeheuern Hang zur Zärtlichkeit; und ein so feuerfangendes Wesen, wie Speusipp zu seyn scheint könnte wohl in einer unbewachten Stunde die Sokratische Lehre von der Gefährlichkeit eines Kusses leichter vergessen als in Ausübung bringen. Daſs sie überaus leicht erröthet, wird ihr, anstatt Verdacht zu erwekken, vielmehr den Ruf eines sittsamen wohlerzogenen Jünglings zuziehen; daſs sie aber vor deinem spähenden Falkenblick die Augen so jungfräulich sinken lieſs, kam wohl daher, weil sie vermuthete, ich werde dir von ihr geschrieben haben, und du betrachtest sie so aufmerksam, weil du sie zu erkennen glaubest. Übrigens zweifle ich nicht, daſs der Umgang mit diesem anziehenden Paar Platonischer Verliebten dein Leben in Athen nicht wenig verschönern helfen werde: nur dürfte dazu nöthig seyn, mit dem Oheim auf einem leidlichen Fuſs zu stehen; was dir, meines Erachtens, so schwer nicht werden sollte, wenn du über dich gewinnen könntest, von ihm und seinen Dialogen öffentlich mit einer gewissen Achtung zu sprechen; freylich in einem Tone, den man nicht für Ironie halten könnte. Beide, der Mann und seine Werke, verdienen, däucht mich, diese Achtung, wie groſs auch übrigens die Verschiedenheit eurer Art zu denken und zu leben seyn mag. Ich müſste mich sehr irren, oder Plato wird weniger ungerecht gegen dich seyn, wenn du groſsherzig genug bist, gegen ihn mehr als gerecht zu seyn; und was kann dir das kosten?

Mein Verlangen uns wiederzusehen ist dem deinigen gleich, lieber Aristipp. Ich gestehe dir, die Eintönigkeit meiner Lebensweise zu Korinth fängt mir an lange Weile zu machen. Die Leute, mit denen ich mich behelfen mufs, verlangen so viel, und haben so wenig dagegen zu geben! Ich nehme den einzigen Eufranor aus, den du zu Ägina von Person kennen lernen sollst, und von dessen Talent ein paar Stücke, die du mir in deine Galerie zu stiften erlauben wirst, dir indessen zur Probe dienen können: aber was bliebe mir auch, wenn ich den nicht hätte, und wie lange wird es währen, so entschlüpft mir auch Er? Glaube mir, ich wäre bereits nach Athen oder anderswohin gezogen, wenn ich mein Haus in Korinth, wie die Schnecke das ihrige, allenthalben mit mir nehmen könnte, und wenn mich dann auch der sehr wesentliche Umstand nicht zurück hielte, dafs ein schönes Weib, dessen höchstes Gut die unbeschränkteste Freyheit ist, schwerlich einen andern Ort in der Welt finden kann, wo sie weniger beeinträchtiget und mit mehr Achtung und Artigkeit behandelt würde, als zu Korinth. Mit allem dem finde ich doch nöthig, daſs man von Zeit zu Zeit den Ort ändere, und Menschen suche, denen Wir und die Uns etwas Neues sind.

4.

Kleonidas an Aristipp.

Der schlanke schwarzaugige Jüngling, mit den dunkeln, um Stirn und Nacken herabhangenden Traubenlocken, der dir diesen Brief überbringt, nennt sich Antipater, und ist ein naher Verwandter eines meiner hiesigen Freunde, dem ich es nicht abschlagen konnte, dir den jungen Menschen zu empfehlen. [2]) Ein löbliches Verlangen, das sehenswürdigste Land der bewohnten Welt zu sehen, und zu Athen, der wahren Hauptstadt dieses an schönen und blühenden Städten so reichen Landes, zu lernen was man in Cyrene nicht lernen kann, hat ihn aus dem Schooſs der Seinigen herausgetrieben. Er bedarf aber in einer Stadt, welche, so zu sagen, die ganze Welt in einem Auszug ist, eines Führers, Auslegers und Rathgebers; und an welchen andern hätt' ich mich in dieser Absicht wenden können als an dich, der du, was du schon für jeden andern Menschen thätest, desto lieber für einen Mitbürger thun wirst, der mit dem vollesten Vertrauen auf die Empfehlung deines Freundes Kleonidas zu dir kommt. Bisher haben alle Arten von gymnastischen und andern Leibesübungen beynahe seine ganze Bildung ausgemacht. Er reitet wie ein Thrazier, läuft wie der schnellfüſsige Achilles, weiſs einen Wagen zu lenken wie der homerische Alcimedon, und im Ringen wird er selbst zu Ägina, der fruchtbaren Mutter so vieler öffentlich gekrönter Athleten, nicht viele finden, die er fürchten müſste. Auch hat er groſse Lust sich an einem eurer groſsen Nazionalfeste unter die Kämpfer zu stellen, um die Siegeskränze, womit schon mehrere Cyrener unsre Vaterstadt unter den Griechen verherrlicht haben, wo möglich mit einem frischen zu vermehren. Indessen fühlt er doch (was wenigen seines gleichen zu begegnen pflegt) daſs er mit allen diesen Vorzügen nur die Hälfte von einem Menschen ist, daſs sein Kopf noch leer ist, und daſs Kräfte und Anlagen in seinem Innern schlafen, die der Erweckung, oder vielmehr da sie bereits zu erwachen angefangen, künstlicher Ausbildung und strenger Übung eben so nöthig haben als die körperlichen; kurz, er kommt mit dem rühmlichen Vorsatz zu dir, nicht eher abzulassen, bis er unter deiner Anleitung ein vollständiger Mensch geworden. Ich betrachte es als einen nicht geringen Vortheil für dich und ihn, dafs er noch unverstückelt und unverbildet in deine Hände kommt, wie ein schönes Stück rohen aber feinkörnigen Marmors, woraus du, als ein geschickter Bildner, jede schöne Form hervorgehen machen kannst; da hingegen selbst Praxiteles und Polyklet einen Marsyas in keinen Apollo, einen Thersites in keinen Ajax oder Diomedes umgestalten können. Nimm dich also seiner an, lieber Aristipp, und mache dir das Verdienst um Cyrene, uns dereinst in unserm jungen Athleten einen zweyten Milon, an Weisheit wie an körperlicher Tüchtigkeit, wieder zurück zu schicken. 5) Da dir dein junger Abderit den Muth nicht benommen hat, wenigstens etwas leidliches aus ihm zu machen, so können wir um so viel gewisser seyn, dafs aus einem so fähigen Jüngling wie Antipater etwas Vortreffliches unter deinen Händen werden müsse.

Plato, — dem wir seine vor so manchem Jahre an dir und dem armen Kleombrot begangene Sünde doch wohl endlich einmahl vergessen müssen, — giebt den Wifsbegierigen (einer Klasse von Müfsigen, welche unvermerkt immer zahlreicher zu werden scheint) seit einiger Zeit so viel zu lesen, und wenigstens in dem gröſsten Theil seiner bisher bekannt gewordenen Dialogen so viel Stoff zum Nachdenken und zur angenehmsten Unterhaltung zugleich, daſs ich den groſsen Ruf sehr natürlich finde, der seinen Nahmen bereits bis an die fernsten Grenzen unsrer Sprache trägt. Materie und Form sind in seinen Werken gleich neu und gleich anziehend: auch wo er mich nicht überzeugt, (was freylich oft begegnet) verführt er mich doch zu wünschen daſs er Recht haben möchte, oder macht auch wohl daſs ich ihm wenigstens so lange glaube als ich ihn lese. Wenn sein mündlicher Vortrag nur halb so angenehm ist als der schriftliche; wenn er, wie man sagt, eine der geistvollesten Fysionomien hat, und der Ton seiner Stimme schon das Ohr für ihn besticht, so muſs er eine Art von Sirene seyn, deren Zauber nicht zu widerstehen ist. Auch hat er mit den Sirenen nicht nur gemein, daſs er

> Alles weiſs was geschieht auf der vielernährenden Erde,

sondern noch vor ihnen voraus, daſs er auch weiſs was in der über- und unterirdischen Erde, im Himmel und sogar in den überhimmlischen Räumen geschieht, eine Wissenschaft, deren die homerischen Sirenen, mit allen ihren wenig bescheidenen Ansprüchen, dennoch sich anzumaſsen Bedenken trugen. Von einem Manne, der so unermeſslich viel mehr weiſs als andere, ist freylich nicht zu erwarten, daſs er einem Jüngern, einem Ausländer, und, was noch das schlimmste ist, einem der die Miene nicht hat, als ob er sich jemahls unter seinen Zepter beugen werde, mehrere Schritte entgegen kommen sollte. Du wirst also, wenn ihr auch nur in einem leidlich anständigen Wohlverhältniſs mit einander stehen sollt, schon das Beste dabey thun müssen; und gewiſs wünschen alle deine Freunde, daſs du auch hierin, wie in so manchen andern Stücken, der klügere Theil seyn mögest.

Unsere dermahlige Staatsverfassung, nach deren Wohlseyn du dich erkundigest, erhielt sogleich in ihrer Erzeugung eine so gesunde und kräftige Leibesbeschaffenheit, daſs es nicht natürlich zugehen müſste, wenn sie sich in der ersten Blüthe ihrer Jugend nicht wohl befände. Der groſse Punkt, wovon alles abhing, war die Wahl der Personen, die uns nach Maſsgabe der neuen Konstituzion regieren sollten. Glücklicher Weise, oder vielmehr durch eine Folge des Zutrauens unsers ganzen Volkes zu deinem Bruder und seinem Freunde Demokles, und der eben so großen Klugheit und Redlichkeit, womit sie dieses Zutrauen zum gemeinen Besten benützten, fielen die Wahlen wirklich auf die Besten in jeder Rücksicht, ohne Ansehen der Partey, zu welcher sie sich ehemahls gehalten hatten; auf lauter verständige, gemäßsigte, der neuen Ordnung aufrichtig anhangende, und größten Theils durch ihre Glücksumstände über alle selbstsüchtige Absichten weggesetzte Männer; auch erhielten sie daher die allgemeine Billigung. So lange diese unsern kleinen Staat besorgen, und vornehmlich so lange Demokles und Aristagoras an ihrer Spitze stehen, und die ihnen anvertraute höchste Staatsgewalt so gesetzmäßsig und mit so großer Weisheit und Eintracht handhaben wie bisher, wird der sichtbar zunehmende Wohlstand unsers Gemeinwesens und unsrer Bürger aller Klassen die Verfassung selbst immer mehr befestigen, und einen Rückfall in unsre ehemahlige Übel unmöglich machen.

Die natürlichste Folgerung, die du, lieber Aristipp, aus Vergleichung des glücklichen Zustandes unsrer Vaterstadt mit dem politischen und sittlichen Verfall von Athen ziehen könntest, will ich dir selbst überlassen. Lebe wohl, und liebe deine Abwesenden, wie du von ihnen geliebt wirst.

5.

Aristipp an Lais.

Die Gemählde deines Freundes Eufranor sind glücklich angelangt, und zieren bereits die kleine Gallerie, welcher du ein so reiches Geschenk zu machen die Güte hast. Wohl verdiente die schöne Scene deiner Unterhaltung mit Sokrates unter dem heiligen Öhlbaum der Athene Polias von einem Mahler dargestellt zu werden, der neben einem Parrhasius und Timanthes mehr wie ein glücklicher Nebenbuhler als wie ein Nacheiferer erscheint, und das große Talent Seelen zu mahlen, von der Natur selbst in dem Geschenk des innigsten Gefühls für sittliche Schönheit und Grazie empfangen zu haben scheint. Aber womit kann ich dir, o du liebenswürdigste der Weiber, den Gedanken vergelten, daß du auch den schönen Augenblick unsers ersten Zusammentreffens der Gewalt der Zeit entreißen, und, wofern mir ein so langes Leben bestimmt wäre, daß ein allmählich abbleichendes und verwitterndes Gedächtniß eine solche Nachhülfe nöthig machte, das schönste aller Bilder, die meine

Einbildungskraft aufbewahrt, immer jugendlich frisch und blühend in mir erhalten helfen wolltest? Eufranor selbst müfste mir seinen Pinsel und seine glühenden Farben leihen können, wenn ich dir auch nur einen kleinen Theil dessen schildern sollte, was ich fühlte, bis das Entzücken der ersten Überraschung in den reinen Genufs des ruhigen Anschauens überging. Ohne Zweifel war es gerade die Vereinigung aller möglichen Forderungen der Kunst in diesem so sehr vollendeten Werke, was die Ursache war, warum ich beym ersten Anblick nur von dieser bis zur Täuschung aller Sinne getriebenen Wahrheit und Ähnlichkeit getroffen wurde, die den beiden Figuren den Schein als ob sie wirklich lebten, in einem desto höhern Grade giebt, weil sie Lebensgröfse haben, und alles was um sie her ist, durch den Zauber der natürlichsten Beleuchtung und Färbung die Illusion vollkommen machen hilft. Erst lange nachdem der kurze Wahnsinn des ersten Eindrucks vorüber war, gewann ich Besonnenheit genug, dem Geist und der Hand des Meisters ins Besondere und Einzelne zu folgen, und zu bemerken, wie günstig der gewählte Moment seiner Kunst war, aber auch welcher Geschicklichkeit sich der bewufst seyn mufste, der einen solchen Moment zu wählen wagen durfte.

Du wirst mirs hoffentlich nicht für Schmeicheley ausdeuten, wenn ich dir sage, dafs dieses Gemählde, seitdem es meine kleine **Pökile** verherrlicht, das erste ist, was alle Augen an sich lockt, und das letzte, von welchem man sich trennt. Beynahe werd' ich mich noch genöthigt sehen, es an einen geheimern und heiligern Ort zu versetzen, wenn ich verhüten will, dafs es den sorigen nicht gar zu viel unverschuldeten Schaden thue. — Aber meinen Abderiten, (den jungen Onokradias, von welchem ich dir neulich schrieb, *) hättest du sehen sollen, als ihm das Anschauen dieses Wunders der Natur und Kunst (die ihm beide gleich unbekannte Gottheiten sind) zum ersten Mahl verstattet wurde! Seine ohnehin etwas weit hervorstehenden Augen wurden plötzlich noch einmahl so grofs, und die seltsamen Geberdungen, womit er die Einwirkung eines für ihn so ganz neuen Schaugerichts zu Tage legte, machten uns einige Augenblicke befürchten, dafs er wirklich närrisch geworden sey. Es dauerte eine ziemliche Weile, bis er sich durch mehr als Einen Sinn überzeugen konnte, dafs die Nymfe, die er aus der marmornen Kufe auftauchen sah, nur gemahlt sey.

*) Dieser Brief findet sich nicht in der gegenwärtigen Sammlung.

Nun, bey Jason und Latona! rief er endlich, wenn diefs nur ein gemahltes Bild ist, wie ich nun wohl sehe, so mufs ich das Original haben, und wenn es mich das ganze Erbgut meiner Familie kostete! — Man versicherte ihn, das Original sey zu Korinth alle Tage in vollem Leben zu sehen. — So bestell ich heute noch ein Schiff, rief er. — „Weibe du auch wie das Sprichwort 4) lautet?" — O! um dieses Mädchens willen reise ich in einem Fischerkahn bis zu den Säulen des Herkules. „Aber die Sache hat noch einen andern Haken. Wenn du sie auch zu sehen bekommst, desto schlimmer für dich! Denn das Haben mufst du dir ein für alle Mahl vergehen lassen." — Dafür macht euch keine Sorge, versetzte der Abderit in einem triumfierenden Ton; ich habe Kreditbriefe für zehen Talente bey mir. — „Närrischer Mensch, und wenn du Kredit für zehen tausend Talente hättest, siehest du denn nicht, dafs wir nur unsern Spafs mit dir treiben, und dafs diese Auftaucherin — mit Einem Wort, Afrodite selber ist?" — O weh! rief er mit einer kläglichen Miene; das ist freylich ein ander Ding! Aber das hättet ihr mir gleich sagen sollen. Ich bin unschuldig, wenn sich die Göttin durch meine vermessenen Reden beleidigt finden sollte. Hoffentlich wird sie mich's nicht entgelten lassen. — „Das hättest du selbst sehen sollen, guter Onokradias, daſs es Afrodite ist, und du wirst auf alle Fälle wohl thun, wenn du den Zorn der Göttin durch so viele schneeweiſse Tauben, als du in ganz Attika zusammentreiben kannst, zu versöhnen suchst. Sahst du denn den Menschen hier nicht, der in einer so andächtigen Stellung hier an der Thür steht, und die Göttin anbetet?" — Ja wirklich! Was ich für ein Dummkopf bin! Aber daſs ich keinen mit weiſsen Tauben bespannten Wagen neben der Göttin sah, betrog mich. Freylich hätte mir dieser junge Priester, oder was er ist, das Verständniſs öffnen können, wenn ich ihn nur nicht vor dem schönen Mädchen — der Göttin wollt' ich sagen, gänzlich übersehen hätte. —

Du siehst, schöne Lais, daſs ich mit meinem Abderiten noch nicht sonderlich weit gekommen bin. Ich habe mich aber auch zu nichts anheischig gemacht, als ihn ungefähr zu lassen wie ich ihn fand. Er weiſs sich doch wenigstens ziemlich bald wieder zu fassen, und für einen Abderiten ist das schon viel.

Deine **Lasthenia** und ihr etwas zweydeutiger Seelenliebhaber sind inzwischen aus ihrer Wolke hervorgetreten, und haben sich mir, um meinem Scharfblick zuvorzukommen, in höchstem Vertrauen entdeckt. Ich stellte mich überrascht, versprach ihnen aber alle gute Dienste, die sie nur immer von mir erwarten könnten. Das Mädchen macht wirklich grofse Fortschritte, und hat mir noch ganz kürzlich Platons Ideen so artig vorpoetisiert, dafs ich sie beynahe für mehr als blofse Hirngespenster halten möchte, wenn's nur irgend möglich wäre. Sie besitzt eine ganz eigene Ahnungsgabe für alles Übersinnliche und Unbegreifliche, und spricht von Dingen, wovon niemand etwas weifs noch wissen kann, ohne selbst das Geringste mehr davon zu wissen als andere, mit so viel Geist und Gemüthlichkeit, dafs es eine Lust ist, ihr (zumahl bey rosenbekränzten Bechern) zuzuhören. Aber was den armen Speusipp in keine geringe Verlegenheit setzt, ist der Umstand, dafs der göttliche Plato selbst eine ziemlich warme Zuneigung — für den schönen Kleofron gefafst hat. Die kleine Spitzbübin scheint mir mehr Freude als Schrekken über diese Entdeckung zu verrathen, welche sie selbst (wie natürlich) zuerst gemacht hat, und wodurch sich ihre Eitelkeit mächtig geschmeichelt fühlt. Indessen tröstet sich Speusipp mit der Hoffnung, dafs die Liebe seines Oheims vermuthlich — platonischer seyn werde, als die seinige; und ich bestärke ihn, wie billig, in dieser Überredung aus allen Kräften.

Zum Beweise, wie treulich ich deine guten Lehren in Ausübung gebracht habe, und wie gut ich dermahlen mit dem ehrwürdigen Aldermann der Akademie stehe, will ich dir nicht verhalten, liebe Laiska, (wie sehr auch meine Bescheidenheit dabey ins Gedränge kommt) dafs mir diesen Morgen sogar das Glück geworden ist, Ihn selbst mit etlichen seiner Vertrauten in meine Galerie treten zu sehen. Er sprach mit mir von meinen Wanderungen, und wunderte sich, dafs ein so viel gereister Cyrener Ägypten noch nicht gesehen habe. Es ist noch immer Zeit, sagte ich, die Pyramiden und Obelisken und den Nilmesser in Augenschein zu nehmen; Katarakten habe ich anderswo schon gesehen, und für die Weisheit der ägyptischen Priester — hab' ich, die Wahrheit zu gestehen, keinen Sinn. — Dagegen ist nichts zu sagen, versetzte er mit einem kleinen Zucken der Nase und Augenbrauen. Bey den Gemählden machte er hier und da eine kurze Bemerkung, welche bewies, dafs er mit der Kunst bekannt ist, und das Schönste gesehen hat. Auf Kleombrot warf er im Vorbeygehen einen ernsten

Blick, und kehrte sich sogleich wieder von dem Bilde weg; bey dem sterbenden Sokrates hingegen verweilte er desto länger, zwar stillschweigend, aber mit großer Aufmerksamkeit und einigen leisen Zeichen von Rührung. Auch die schöne Anadyomene fesselte seine Augen eine kleine Weile; er rühmte den Mahler, der den Zeuxis selbst in einem Theil, worin dieser am größten sey, in der Kunst die Farben in einander zu schmelzen, noch zu übertreffen scheine. Als er im Begriff war sich wieder davon zu entfernen, heftete er einen Blick auf mich, als ob er mich mit dem unverschämten jungen Gaffer im Gemählde vergleiche. Vermuthlich eine Scene aus deiner eigenen Geschichte, sagte er zu mir mit einem kaum merklichen Lächeln. Die schönste, versetzte ich mit gebührender Dreistigkeit, und (wie sich von selbst versteht) ohne roth zu werden. Er weilte noch einige Augenblicke bey dem Tode des Sokrates, und sagte dann im Weggehen etwas feierlich: „es war ein Unglück für mich, Aristipp, daſs ich unpäſslich war; aber daſs du nicht zu Ägina warst, magst du deinem Glücke danken.“ — Ich fürchte, er hat Recht.

Die Hoffnung, mit Eufranor künftigen Sommer durch deine Vermittlung in ein näheres Verhältniſs zu kommen, hat nun einen ungleich gröſsern Reitz für mich. Ich werde dir dafür, wenn du es erlaubst, in der Person meines jungen Landsmannes Antipater, der sich seit einiger Zeit bey mir aufhält, einen Jüngling vorstellen, dessen gleichen man auch nicht alle Tage sieht.

6.

An Kleonidas.

Dein junger Freund Antipater hätte sich durch nichts einer bessern Aufnahme versichern können, als daſs er mir einen so lange erharrten Brief von meinem Kleonidas überbrachte; wiewohl ich gestehe, daſs er keiner andern Empfehlung bedarf, als sich bloſs zu zeigen. Ich bin wirklich stolz darauf, einen so unverdorbenen, kraftvollen und vielversprechenden Sohn der Natur, wie Antipater ist, als meinen Landsmann bey den Athenern aufzuführen. Wohl wird es ihm kommen, wenn er so fest und unreitzbar ist, als sein ganzes Wesen ankündigt;

denn ich sehe schon drey oder vier unsrer jungen mädchenhaften Bathylle mit Rosen duftenden Locken, schmachtenden Augen, und zarten lispelnden Stimmchen, die um ihn herumbuhlen, und allen ihren kleinen Hetärenkünsten aufbieten, sich von ihm bemerkt zu machen, und ihm zu zeigen, daſs sie keine Gefälligkeit zu groſs finden würden, um sich eines Liebhabers von seinem Schlage zu versichern.

Ich habe meinem jungen Landsmann ein Zimmer in meinem Hause, das gerade Raum genug für uns beide hat, angewiesen; er ist, so oft es ihm gefällt, mein Tischgenoſs, und bedient sich meines Umgangs, ohne mir lästig zu seyn, so viel als ihm gemüthlich ist: dieſs ist aber auch alles, was ich (vor der Hand wenigstens) für ihn thun kann, und wirklich schon mehr als er vonnöthen hat. Jünglinge wie er werden nicht gebildet, sondern bilden sich selbst, oder bringen vielmehr ihre schon voraus bestimmte Form mit sich auf die Welt; wie sie sind, sollen sie seyn; was sie werden, sollen sie werden. Was eine Pflanze bedarf, um sich zu entwickeln, Freyheit, Licht und angemessene Nahrung, ist im Grund alles, was solche Menschen zu ihrem Wachsthum und Gedeihen brauchen. Athen ist reich an merkwürdigen Menschen aller Arten, deren Vorzüge, Talente, Kenntnisse, Erfahrungen, Tugenden und Untugenden ein Jüngling wie Antipater benutzen kann: er mag sie selbst aufsuchen, und selbst wählen, zu wem er sich halten will. Zwar werd' ich ihn unvermerkt beobachten, und ihn warnen, sobald ich sehe, daſs seine Unerfahrenheit irgend eine groſse Gefahr laufen könnte; aber mich nicht gleich für ihn ängstigen, wenn er auch dann und wann zu weit mit der Nase vorwärts kommt, oder einen Miſstritt thut, der ihn künftig vorsichtiger zu seyn lehrt. Selten oder nie werd' ich ihm mit meinem Rathe zuvorkommen, niemahls ihm von einer Person, die er selbst sehen wird, voraus sagen, was ich von ihr halte: begehrt er aber von freyen Stücken meine Meinung, worüber es sey, zu wissen, so werd' ich sie ihm frey und offen sagen. Verlangt er Unterricht über etwas, das ich besser weiſs als er, so soll er ihn erhalten. Dieſs ist ungefähr die Art, wie ich mit ihm umgehe, bis wir uns näher kennen, und das wahre Verhältniſs seiner Natur zu der meinigen sich so bestimmt ausgesprochen hat, daſs wir beide genau wissen, wie wir gegen einander stehen, und was wir einander seyn oder nicht seyn können. An eigentliche Bildung ist, (wie gesagt) bey einem Jüngling wie dieser nicht zu denken. Ja, so einen Onokradias, den Sohn Onolaus des Zweyten, des Enkels von Onomemnon, der ein Urenkel von Onocefalus dem Groſsen war, so einen Heldensohn kann man bilden, und soll man bilden, so gut als es gehen will, denn er ist für sich selbst Nichts; so Einem soll man gesunde Begriffe, Grundsätze und Maximen in den Kopf, oder wenigstens ins Gedächtniſs einrammeln, weil er sie ohne fremde Hülfe nie bekommen würde. Wer nicht schon von bloſsem Zusehen gehen lernt, muſs es in einem Gängelwagen oder am Führband lernen; wer blind ist, muſs geführt werden; wer nicht denken kann, soll andern glauben; wer selbst kein Urtheil hat, mag, wenn er nicht schweigen kann, verständigen Männern nachsprechen. So will es die Natur; und so ist's recht. Aus einem Stück Sandstein, Marmor oder Lindenholz kann freylich ein Alkamen nach Gefallen einen Achilles oder Thersites herausmeiſseln oder schnitzeln: aber aus seinem Sohn Lamprokles konnte Sokrates selbst keinen Xenofon, so wie aus seinem geliebten Alcibiades keinen Perikles bilden. — Doch, wozu das Alles, was du so gut weiſst als ich? Denn gewiſs wolltest du mit der Bildung deines jungen

Freundes, die du mir aufträgst, weder mehr noch weniger sagen, als was ich dir zu leisten versprach, und zu halten gedenke — und das ist genug.

Ohne Zweifel erinnerst du dich noch des alten Antisthenes, den du in Athen kennen lerntest; desjenigen unter den vertrautern Freunden unsers Weisen, der ihm (seine fröhliche Laune und Urbanität und das feine Salz seiner Scherze ausgenommen) in Lehre und Leben am ähnlichsten wäre, wenn er nicht in beidem ziemlich weit über die Linie hinausginge, die das Mittel zwischen zu viel und zu wenig bezeichnet, und freylich nicht immer so genau zu treffen ist, als ein weiser Mann wohl wünschen möchte. — Indessen hat sich ein junger Paflagonier aus Sinope, Diogenes genannt, von ungefähr zu ihm gefunden, der die Kunst zu entbehren und zu hungern noch viel weiter treibt als Antisthenes, aber dabey, was den Witz, die gute Laune und die Genialität betrifft, so viel Ähnliches mit dem Sohn des Sofroniskus hat, dafs ihn Plato, wie ich höre, nur den tollgewordenen Sokrates zu nennen pflegt. Der weiseste Mann, sobald er ohne alle Nachsicht und Schonung auf die Thoren, d. i. auf die grofse Mehrheit, losgehen, und sich ihnen in gar keinem Stücke gleich stellen wollte, würde ihnen nothwendig, im mildesten Lichte betrachtet, als ein ausgemachter Narr erscheinen müssen. Diefs ist gewisser Maſsen der Fall dieses Diogenes; mir wenigstens scheint er unter seiner Narrenkappe einen gesundern Kopf zu bergen, als die meisten, die durch die leicht zu machende Entdeckung, daſs er ein Narr sey, ihren eigenen Verstand in Sicherheit gebracht zu haben glauben. Im Grunde gehört ein gutes Theil Vernunft dazu, um ein Narr wie Diogenes zu seyn; ja ich möcht' es sogar ein Talent nennen, worin man es zu einer gewissen Virtuosität bringen kann, so gut als in irgend einem andern.

Da dieser junge Mann in der neuentstandenen Klasse von Menschen, die sich, seit Plato an ihrer Spitze steht, Filosofen nennen, künftig eine bedeutende Rolle spielen dürfte, so ist es dir vielleicht nicht unangenehm, wenn ich dich, so weit meine dermahlige Kenntniſs von ihm reicht, etwas näher mit ihm bekannt mache. Er war (wie es scheint, und wie die Erkundigungen, die ich hierüber eingezogen habe, bestätigen) in guten Glücksumständen geboren, und hatte eine dieser Lage angemessene Erziehung erhalten. Ein unvermutheter Umsturz seines Hauses, welches einen ansehnlichen Handel auf dem Euxinischen Meere getrieben hatte, machte ihn auf Einmahl zum Bettler. Ein andrer Zufall führte ihn zum Antisthenes nach Athen. Da sein Beruf zur Filosofie ein eigentlicher Nothfall war, so zeigte ihm sein guter Verstand sehr bald, was er hier zu thun habe. Einem Menschen, der keine Wahl hatte, als zwischen dienen und arbeiten, oder betteln und müſsiggehen, — wo der Gewinn auf beiden Seiten ziemlich gleich, und der tiefe Grad von Verachtung, der den Stand des Bettlers drückt, beynahe das Einzige ist, was die Wage auf die andere Seite ziehen kann — konnte nichts glücklichers begegnen, als die Bekanntschaft mit Antisthenes. Denn er sah nun auf den ersten Blick, daſs er nur noch Einen Schritt weiter zu gehen brauche als dieser, um seine Dürftigkeit zur Filosofie zu veredeln, sich aus einem Bettler zum unabhängigsten aller Menschen zu machen, und der verächtlichsten Lebensart sogar einen Respekt gebietenden Karakter aufzudrücken. Schon Antisthenes würde eben so räsonniert haben wie Diogenes, wenn seine äuſsere Lage völlig eben dieselbe gewesen wäre. Auch liegt der wahre Unterschied zwischen ihrer

Art zu filosofieren blofs in dem Umstand, dafs jener gerade so viel Vermögen hat, dafs es ihm täglich wenigstens drey bis vier Obolen, und alle vier Jahre einen neuen Überrock abwirft; dieser hingegen gar nichts hat, wovon er leben kann, als seinen Kopf und seine Arme. — Dafs er sich zu einigen andern Lebensarten, womit ein Bettler, der alles zu leiden und zu thun bereit ist, sich allenfalls in einer Stadt wie Athen fortbringen kann, zu gut fühlte, wollen wir ihm zu keinem grofsen Verdienst anrechnen: aber seinen Verstand hat er bey mir in keine gemeine Achtung gesetzt, nicht dadurch, dafs er den Stand eines Cynischen Filosofen (wie man den Antisthenes und seine wenigen Anhänger zu nennen anfängt) erwählt hat, — denn in seiner Lage war eigentlich nichts zu wählen — sondern dafs er diese Nothfilosofie sich selbst und seinen Umständen so anzupassen weifs, dafs sie sein eigen wird, dafs sie ihm, so zu sagen, bequem sitzt, und wohl ansteht; mit Einem Wort, dafs er, anstatt Nachahmer zu seyn, Original ist, und auf dem Wege, den er eingeschlagen hat, ziemlich sicher seyn kann, wie viele Nachtreter er selbst auch immer finden möchte, doch so leicht von keinem erreicht, geschweige übertroffen zu werden.

Es klingt paradox genug, hat aber seine völlige Richtigkeit, dafs Diogenes zum ersten Grundsatz seiner Filosofie gemacht hat, „alle seine Bedürfnisse, oder alles was er, aufser einem ziemlich kurzen und abgetragenen Mantel, auf der ganzen Welt besitzt, in einem mäfsigen Schnappsack auf der Schulter mit sich herum zu tragen." Bey einer neulichen Inventur seines Inhalts fand der närrische Mensch, dafs er einen Kamm mit vier Zähnen, und einen hölzernen Becher zu viel habe, da ihm eine seiner Hände beides sehr bequem ersetzen könne; und so wurde dieser Überflufs sogleich ins nächste Wasser geworfen. Indem er die Entbehrungskunst bis auf diese Spitze treibt, gewinnt er den Vortheil, dafs seine Dürftigkeit das Ansehen eines von freyen Stücken aus Grundsätzen erwählten Zustandes erhält, und diefs giebt ihm eine Art von Recht, sich über die Üppigkeit der Reichen lustig zu machen; ein Zeitvertreib, wozu ihn die Natur mit Witz und Muthwillen reichlich versehen hat. Da die Menschen überhaupt, und die Athener noch mehr als andere, wohl leiden mögen, dafs man über ihre Thorheiten spotte, wenn es nur auf eine solche Art geschieht, dafs sie mitlachen können, und der Spötter ihnen hinwieder Blöfsen genug giebt, um ihn mit gleicher Münze zu bezahlen; so hat er sich dadurch bereits eine Art von Popularität erworben, die ihn wenigstens vor dem Mangel an Wolfsbohnen (seiner gewöhnlichen und beynahe einzigen Nahrung) sicher stellt. Aber die Filosofie des Schnappsacks verschafft ihm noch einen Vortheil, der nach seiner Schätzung alle andern überwiegt. Da er so unendlich wenig Ansprüche an die bürgerliche Gesellschaft macht, so glaubt er auch berechtigt zu seyn, sich über alles, was im menschlichen Leben bloſs von Übereinkunft, Gewohnheit und Sitte abhängt, wegzusetzen, und im Nothfall mitten auf dem Markte zu Athen alles, was nicht an sich unrecht ist, für eben so erlaubt zu halten, als in der tiefsten Schlucht des Pentelikus. Er achtet kein Vorurtheil, spottet über den Zwang, den wir uns selbst durch eine unendliche Menge vermeinter Pflichten auflegen, wovon die Natur nichts weiſs, und die man übertreten kann, ohne darum ein schlimmerer Mensch zu seyn; und hält sich daher durch die Gesetze der Wohlanständigkeit und Urbanität so wenig gebunden, daſs er vielmehr das gröſste Vergnügen darin findet, sie alle Augenblicke zu übertreten, und den Leuten dadurch lächerlich und anstöſsig zu werden. Er hat sehr richtig geurtheilt, daſs dieſs alles zu der Rolle eines bloſsen Naturmenschen gehört, und daſs er so ziemlich darauf rechnen kann, man werde die Billigkeit fühlen, an einen Menschen, der von andern nichts fordert, als daſs sie ihn leben lassen, hinwieder keine Forderungen zu machen, wozu er als bloſser Mensch nicht verpflichtet ist. Bey allem dem hat er doch zu viel Sinn, um in der Ausübung seiner Grundsätze so weit zu gehen, als sie ihn führen könnten. Er spricht freyer als er handelt, ist besser und verständiger als er scheinen will; und wiewohl er eine eigene Freude daran hat, in den seltsamen Bockssprüngen, die er seinen Witz und seine Laune machen läſst, der Grenzlinie des Unanständigen öfters so nahe zu kommen, daſs man alle Augenblicke befürchtet, er werde vollends über sie weggehen, so weiſs er doch (zumahl in guter Gesellschaft) den äuſsersten Punkt immer so genau zu treffen, daſs man ihm wenigstens das Lob eines geschickten Luftspringers nicht versagen kann. Noch einer kleinen Tugend muſs ich erwähnen, die an einem Filosofen dieses Schlages nicht ganz gleichgültig ist; nehmlich daſs er — das Wasser nicht spart, (welches zum Glück in und um Athen überall umsonst zu haben ist) und daſs er daher im Punkt der Reinlichkeit von dem wasserscheuen Antisthenes sehr stark zu seinem Vortheil absticht.

Ich habe mich etwas länger bey der Karakteristik dieses bis jetzt in seiner Art einzigen Sterblichen aufgehalten, damit dir begreiflicher werde, wie es zuging, daſs Antipater an ihm und er hinwieder an Antipatern in kurzer Zeit so viel Geschmack finden konnte, daſs jetzt keine Dekade vergeht, ohne daſs sie einen Gang bald in den Hafen, bald auf den Hymettus oder Pentelikus, oder eine Schwimmpartie nach den kleinen Inseln Psyttalia und Atalanta, auch wohl bis nach Salamine, zusammen machen. Es giebt einen komischen Anblick, unsern jungen Landsmann, nach Cyrenischer Weise stattlich gekleidet, mit dem zottigen Barfüſser in seinem groben Tribonion, das ihm kaum über die Knie reicht, und seine ganze Drapperie ausmacht, durch die Gassen und Hallen von Athen schlendern zu sehen, wo tausend gaffende Augen und klaffende Mäuler auf sie gerichtet sind, und oft ziemlich laut über das ungleichartige Paar scherzen, ohne daſs Antipater die mindeste Kunde davon nimmt. Sein häufiger Umgang mit Diogenes hat ihn auch mit dem alten Antisthenes in Bekanntschaft gesetzt, an dessen trivialem Menschenverstand er unendlich mehr Gefallen bezeugt, als an den sofistischen Spitzfindigkeiten, womit Plato seine Zuhörer so gern — zum Besten hat. Schliefse nicht etwa hieraus, dafs ich deinen jungen Freund gegen den letztern böslicher Weise eingenommen habe. Die Sache machte sich von selbst. Denn zum Unglück mufste sichs fügen, dafs Plato, da der gute Antipater zum ersten Mahl in seine Schule kam, eben in der Vorlesung und Erklärung seines Parmenides begriffen war, worin er diesen Eleatischen Sofisten seinen berühmten Grundsätz, Alles ist Eins, und Eins ist Alles durch eine neunfache Reihe Argumentazionen von der allersubtilsten Subtilität durchführen läfst. Der arme Antipater, dem so etwas nie gereicht worden war, horchte mit Augen, Mund und Ohren, und wäre beynahe erstickt, weil er, aus Furcht dafs ihm ein Wort entgehen möchte, den Athem so lange bis er nicht mehr konnte an sich hielt. Da er aber in einer ganzen Stunde mit übernatürlicher Aufmerksamkeit und Anstrengung allem, was er gehört hatte, weder Sinn noch Geschmack abgewinnen konnte, und anstatt weiser als zuvor geworden zu seyn, nichts als einen wüsten Kopf, worin sich alles mit ihm im Wirbel herumdrehte, davon trug, lief er, ohne den Schlufs abzuwarten, zum Sahl hinaus, und schwur bey allen zwölf himmlischen Göttern, seinen Fufs nie wieder über die Schwelle des Mannes zu setzen, welcher wifsbegierigen Jünglingen solche Possen für Weisheit verkaufe. Da irrest du dich, Antipater, sagte ich, er giebt sie umsonst. — Desto schlimmer für seine Zuhörer, versetzte der junge Mensch; denn wenn er auch nur den Werth einer Drachme darauf legte, so würde er sich schämen, Spreu für Körner zu verkaufen. Ich mufs eilends nach der nächsten Palästra laufen, um das tolle Zeug wieder aus dem Leibe zu schwitzen. — Das magst du immerhin, sagte ich: indessen hättest du doch in dieser einzigen Stunde, die du für verloren hältst, viel gewonnen, wenn du dir merktest, was sie dich gelehrt hat. —

„Und was wäre das?"

Dafs es Dinge giebt, von denen ein vernünftiger Mensch nicht mehr wissen wollen mufs, als jedermann davon weifs. Dafs z. B. Etwas nicht — Nichts, und Eins nicht — zwey ist, sind Wahrheiten, woran niemand zweifelt: aber Plato wollte auch begreiflich machen, wie und warum es so sey, und verwickelt darüber sich selbst und seine Zuhörer in so undenkbaren Sofistereyen und Widersprüchen, dafs du am Ende ungewifs wurdest, ob du selbst Etwas oder Nichts seyest.

„Das ist es eben, was mich toll machte. Höre nur an. — Viele können nicht seyn, wenn nicht Eins ist; denn viele sind weiter nichts als Eins vielmahl genommen. Nun kann aber Eins nicht Eins seyn; denn ein anders ist seyn, ein anders, Eins. Sobald also Eins existierte, so wär' es nothwendig mehr als Eins, nehmlich das Eins an sich selbst, und das existierende Eins; Eins wäre also Zwey; da aber zwey nicht Eins seyn kann, weil es dann nicht zwey wäre, so giebt es weder Eins noch zwey, folglich auch nicht viele, folglich gar Nichts. — Ist es erlaubt, solch unsinniges Zeug für Filosofie zu geben, wenn mann's auch umsonst giebt?

Nimm es, wie gesagt, beym rechten Ende, so wird es dich klug machen. Wer weiſs ob Plato mit seinem Parmenides etwas anders wollte?

„Wenn das sein Zweck war, so danke ich für das Mittel! Was würde man von einem Menschen sagen, der ein paar Dutzend arme Kinder stundenlang mit Versuchen auf dem Kopfe zu gehen quälte, bloſs um sie zu überzeugen, daſs sie nicht auf dem Kopfe gehen müſsten?"

Was konnt' ich dem jungen Manne antworten, Kleonidas?

Da ich doch einmahl auf diesem Kapitel bin, so habe die Geduld, über mein Verhältnifs zu Plato, worüber meine Freunde sich, wie ich merke, ziemlich unnöthige Sorgen machen, mein letztes Wort anzuhören.

Niemand kann geneigter seyn als ich, diesem grofsen Antagonisten und Nebenbuhler der Protagoras, Gorgias, Prodikus, Hippias, und wie sie weiter heifsen, in allem, was an ihm und seinen Werken als vortrefflich zu loben ist, die vollständigste Gerechtigkeit widerfahren zu lassen. Ob ich aber wirklich so gerecht gegen ihn seyn kann, als ich zu seyn wünsche, zweifle ich selbst. Wir sind zu verschiedene Naturen und sympathisieren zu wenig, um einander rein aufzufassen. Daher ist mir auch seine Meinung von mir sehr gleichgültig; vielleicht noch mehr als ihm die Meinige. Er kann mir weder schaden noch nützen; denn ich werde nie weder sein Nebenbuhler noch sein Fackelträger seyn. Der Weg, den ich gehe, liegt so weit von dem seinigen, dafs wir schwerlich jemahls in Zusammenstofs gerathen können. Ruhm scheint alles zu seyn was er sucht; ich suche nichts, als so gut durch die Welt zu kommen wie mir möglich ist, und wenn ich berühmt werden sollte, müfste dem Ruhm nur die Laune anwandeln, mich zu suchen; ich suche ihn gewifslich nie. Wie könnten wir also, Plato und ich, uns je im Wege stehen? Kurz, ich sehe so wenig Ursache, warum Ich ihn lieben oder beneiden, als warum Er mich hassen oder verachten sollte; warum sollten wir uns also nicht bey unsrer bisherigen Gewohnheit erhalten können, ich von Ihm öffentlich immer mit der Achtung, die man grofsen Talenten schuldig ist, er von Mir — gar nicht mehr zu reden? Indessen werd' ich mir doch gefallen lassen müssen, von den strengern Sokratikern überhaupt — zumahl seitdem Xenofon in seinen Erinnerungen an Sokrates den Ton hierin angegeben hat — aus ihrer Gemeine ausgeschlossen, oder, da sie mich doch nicht ganz verwerfen können, wenigstens für einen unächten Sohn des Vaters, zu dem wir uns alle bekennen, erklärt zu werden. Sie machen mir, wie ich höre, mit vieler Bitterkeit zum Vorwurf, dafs ich die keusche Filosofie des Sokrates auf eine zweyfache Weise zur Hetäre herabwürdige: erstens, indem ich zu ihrem ersten Grundsatz mache: „Die Wollust sey das höchste Gut des Menschen;“ und zweytens, weil ich sie für baares Geld verkaufe. Über den ersten Vorwurf, der sich vermuthlich mehr auf meine von der ihrigen ziemlich stark abstechende Art zu leben, als auf die lächerliche Beschuldigung, daſs ich die Wollust zum Princip meiner Filosofie mache, gründet, bedarf ich wohl keiner Rechtfertigung bey dir: über den zweyten hingegen glaube ich dir einige Erläuterung schuldig zu seyn, und trage zu diesem Ende kein Bedenken, dir den ganzen Hergang, der den Anlaſs dazu gegeben, umständlich zu erzählen.

Die Entschlieſsung, deren ich schon ehmahls gegen dich erwähnte, einen Theil meiner Muſse Jünglingen, die sich nach Sokratischer Weise zu mir halten wollten, zu widmen, fand, als ich sie eine Zeitlang in Ausübung gebracht hatte, vielen Beyfall. Meine Art zu filosofieren schien mehrern, welche sich den Sokrates selbst öfters gehört zu haben erinnerten, der Sokratischen Deutlichkeit, Popularität und Anwendbarkeit im Leben ohne Vergleichung näher zu kommen als die Platonische, und ein gutes Theil mehr von der Sokratischen Genialität und Anmuth zu haben, als die herbe einseitige Manier des Antisthenes. Indessen waren doch diejenigen, die sich am meisten an mich andrängten, gröſstentheils Fremde, die nur wenige Wochen oder Monate in Athen verweilen konnten oder wollten. Eine Anzahl dieser letzten verabredete sich mit einander, mich zu bitten, daſs ich ihnen in so kurzer

Zeit als möglich einen vollständigen Unterricht in der Filosofie des Sokrates ertheilen möchte, die seit seinem Tode in ein Ansehen und eine Nachfrage gekommen ist, so sie niemahls, während er selbst noch lebte, gehabt hat. Diese Leute mochten gehört haben, dafs Prodikus und andere berühmte Sofisten sich für ihre Vorlesungen ziemlich theuer hätten bezahlen lassen; oder glaubten vielleicht, was man umsonst weggebe, müsse wenig werth seyn; oder hielten es auch wohl für unbillig, einem Manne, den keine Noth dazu treibt, zuzumuthen, dafs er Zeit und Athem aufwende, andere gescheidter und besser zu machen, ohne sich selbst besser dadurch zu befinden: genug, sie beschlossen, es gänzlich in meine Willkühr zu stellen, was für einen Preis ich auf meine Gefälligkeit setzen wollte, und genehmigten zum Voraus jede Bedingung, die ich ihnen machen würde. An einem schönen Morgen erschienen ihrer nicht weniger als dreyfsig, um mir durch einem aus ihrem Mittel diesen Antrag zu thun. Ich suchte Anfangs die Sache in Scherz zu verwandeln, aber es war den Leuten bittrer Ernst. Ich wies sie an Plato, Äschines, Antisthenes, Stilpon, Simmias, u. s. w. aber sie hätten nun einmahl das Zutrauen zu mir, sagten sie. Weil ich wirklich ungern an die Sache ging, hoffte ich sie endlich dadurch abzuschrecken, wenn ich einen sehr hohen Preis auf meine Waare setzte. Ich erklärte mich also zuletzt: ich getraute mir allerdings ihnen alles, was ich in drey Jahren von Sokrates gelernt hätte, in eben so viel Dekaden vollständig mitzutheilen: aber ich könnte ihnen nicht verhalten, daſs es jedem von ihnen wenigstens so hoch zu stehen kommen würde, als wenn er seinen Freunden ein prächtiges Gastmahl gäbe; denn die zwölf Diskurse, in welche ich die ganze Filosofie des Sokrates zusammen zu fassen gedächte, würden den Mann nicht weniger als zwölf Dariken kosten. Dafür sollte jeder zugleich eine Abschrift dieser Diskurse erhalten, jedoch unter der ausdrücklichen Bedingung, sie entweder gänzlich für sich zu behalten, oder nicht mehr, als ein einziges Exemplar um den Preis, den es ihm selbst gekostet, und unter der nehmlichen Bedingung, irgend einer andern Person zukommen zu lassen. Was ich verlange (setzte ich hinzu) ist viel oder wenig, je nachdem ihr das, was ihr dafür bekommt, anwenden werdet. Als bloſse Spekulazionssache gäbe ich selbst für die Filosofie des Sokrates, wie für jede andere, keine taube Nuſs; in Ausübung gebracht, ist sie mehr als alles Gold des groſsen Königs werth. Überlegt also wohl was ihr thut, damit es euch nie gereue, euere Dariken nicht auf eine angenehmere Art verloren zu haben. — Mir däuchte als ob mehr als Einer von den Jüngern bey dieser Verwarnung eine etwas nachdenkliche Miene mache: aber da vermuthlich keiner für schlechter angesehen seyn wollte als der andere, so wurde mein Antrag einhellig mit großer Freude angenommen. Kurz, die dreyßig Fremden, größtentheils Böotier, Arkadier, Lokrier und Chalcidier (drey oder vier Abderiten nicht zu vergessen) legten drey hundert und sechzig blanke Dariken in einem Beutel von Cyrenischem vergoldetem Leder zu meinen Füßen und erhielten dafür was ich ihnen versprochen hatte.

Du siehst also, lieber Kleonidas, daß der Vorwurf, den mir die Sokratiker machen, daß ich die Weisheit unsers Meisters um Geld verkaufe, nicht ungegründet ist: ob auch gerecht, ist eine andere Frage, die ich deinem eigenen Urtheil anheim stelle. Ich meines Orts, betrachte einen Gelehrten überhaupt — und warum denn nicht auch den, der von der Kunst zu denken, zu reden, und zu leben Profession macht? — wie jeden andern Virtuosen, in welcher Kunst es sey; und ich sehe nicht, warum ich, wenn es mir beliebt, und die Käufer sich mir von freyen Stücken anbieten, ja sogar aufdringen, für meine filosofischen Diskurse nicht eben so gut Geld nehmen sollte, als Pindar für seine Siegeslieder, Damon für seine Musik, ein Arzt für seine Kuren, ein Mahler für seine Gemählde, Aristofanes für seine Komödien, oder Isokrates für seinen Unterricht in der Filosofie der Beredsamkeit, wie er seine Rhetorik zu nennen pflegt. Nehmen doch die Bürger von Athen für die Ausübung ihrer Suveränität ohne Bedenken — ihr Triobolon! Daſs die Hetären von ihren guten Freunden Geld nehmen, fand sogar Sokrates billig; und wenn ihre Profession schändlich ist, was kann hieraus zum Nachtheil derer, die eine edlere treiben, gefolgert werden? Wie dem auch sey, seit dieser Begebenheit hat mir mehr als Ein Athener angelegen, seinen Sohn in allem, was ein Kalos Kagathos (wie man jetzt zu sagen pflegt) besonders ein künftiger Staatsmann und Demagog zu wissen nöthig habe, Unterricht zu ertheilen; und um nicht mit Zumuthungen dieser Art zu sehr belästiget zu werden, habe ich ein für allemahl fünf hundert Drachmen zu meinem festgesetzten Preise gemacht. Ein einziger, und zwar einer der reichsten Männer in ganz Attika, der mir (vermuthlich ohne recht zu wissen was er that) seinen einzigen Sohn übergeben wollte, fand den Preis zu hoch; dafür, meinte der Ehrenmann, könne er sich ja einen tüchtigen Sklaven kaufen. Das thue doch ja, sagte Antipater, der dabey stand, laut lachend, so hast du ihrer zwey, ohne dafs es dich einen Heller mehr kostet. Diefs Wort lief sehr bald in ganz Athen herum, und wurde von vielen auf meine Rechnung gesetzt; aber Jedem das Seine! Du siehst dafs Antipater nicht vergeblich so viel um den Spötter Diogenes ist.

Aus deinen Nachrichten von dem dermahligen Zustand unsrer Vaterstadt sehe ich, dafs ein Mann, der unter glücklichen Menschen glücklich leben will, er sey auch zu Hause wo er wolle, nach Cyrene ziehen mufs. Und ich — bin ein geborner Cyrener, habe alles was mir das liebste ist in Cyrene, und lebe zu Athen! — Nur noch ein Jahr, Kleonidas, ein einziges Jahr längstens, trage Nachsicht mit meiner Thorheit — wenn ich mich wieder von diesem verführerischen Athen scheide, so ists auf immer!

7.

Hippias an Aristipp.

Ich höre mit vielem Vergnügen, Freund Aristipp, dafs du dich wieder in Athen befindest, und eine Art von Schule eröffnet hast, worin du der Hellenischen Jugend die Filosofie des guten Sokrates, nach deiner eigenen Weise mit Geschmack zubereitet, und mit einigen feinen Schüsseln vermehrt, wieder aufzutischen beflissen bist. Während zwey seiner vornehmsten Anhänger, der Eine die Filosofie, welche sein Meister aus den Meteorischen Höhen der Ionischen Schule herabzusteigen genöthigt, und unter den Menschen lebend mit ihren Angelegenheiten sich zu beschäftigen gewöhnt hatte, nicht nur in den Himmel zurückführt, sondern sogar in überhimmlischen Gegenden, wovon sich bisher noch niemand etwas träumen liefs, umherschwärmen und von den unaussprechlichen — Undingen, die sie da gesehen und gehört haben will, (unverständlich genug) reden läfst; der andere hingegen, aus Mifsverstand der Lehren und mit Übertreibung des Beyspiels seines Meisters, das von diesem veredelte menschliche Leben, in der Meinung es zur Natur zurückzuführen, dem thierischen wieder so nah als möglich zu bringen sucht, — ist es löblich von dir, dafs du ihr mit ihrer vorigen Popularität auch die Würde, die ihr Sokrates gab, wieder zu verschaffen beflissen bist. Ich bin gewifs, von den Grazien der schönen Lais ausgeschmückt, und mit der Peitho, die dir immer hold war, auf den Lippen, kann es ihr an Liebhabern nicht fehlen, und es wird nur auf dich ankommen, der erste und einzige unter den Sokratikern zu seyn, der sich durch ihre Vermittlung auch den Plutus günstig zu machen weifs.

Was mich betrifft, lieber Aristipp, ich habe nun unvermerkt die Jahre erreicht, wo es nicht mehr der Mühe werth ist, etwas anders zu thun, als sich an den Thorheiten der Sterblichen zu belustigen, und von einem Tage zum andern so sorgenfrey und angenehm zu leben, als es uns die Götter noch gönnen wollen. Wie Solon in einem ungleich höhern Alter als das Meinige.

Lieb' ich die Gaben der Cyprogeneia,
des Bacchus, der Musen,

völlig, wie Er, überzeugt,

Alle Freuden der Welt kommen von ihnen
allein. 5)

Das schöne, volkreiche, so glücklich zum Seehandel gelegene und durch ihn mit allen Schätzen der Natur und Kunst bereicherte Milet ist (wie du aus eigener Erfahrung wissen mufst) aufser allen diesen Vortheilen, noch besonders durch den geselligen Karakter seiner Einwohner und die Schönheit seiner Weiber, vor vielen andern Orten der Welt, einer solchen Lebensweise günstig; vorausgesetzt (versteht sich) dafs man mit dem unentbehrlichsten aller Dinge, wofür die andern alle zu haben sind, hinlänglich versehen seyn mufs.

Wie ich höre giebt der grofse Aerobat Plato den Athenern und ihren Nachbarn mächtig viel von sich zu reden, und publiciert eine Menge filosofischer Possenspielchen, worin er den ehrlichen Sokrates (der jetzt alles ungestraft aus sich machen lassen mufs, wozu man ihn brauchbar findet) bald mit diesem bald mit jenem unsrer ehmahligen Sofisten in eine possierliche Art von dialektischen Zweykämpfen zusammen hetzt.

Denn, damit sein Sokrates immer Recht behalte, oder doch wenigstens die Lacher auf seine Seite bekomme, begabt er ihn über seine gewohnte Ironie und die ihm eigene Art seine Gegner zu überraschen und in Verlegenheit zu setzen, noch mit aller nur ersinnlichen eristischen Spitzfündigkeit und Gewandtheit, die armen Schelme von Antagonisten hingegen mit einem so erbärmlichen Grad von Geistesschwäche und treuherziger Dummheit, daſs sie immer ihr Äuſserstes thun, um jenem den Sieg recht leicht zu machen, und, weit entfernt zu merken daſs er ihrer spotte, durch Paarung der lächerlichsten Aufklärung mit der schülerhaftesten Unwissenheit und dem blödsinnigsten Unverstand, ihm eine Gelegenheit nach der andern geben, sie mit der schmählichsten Art von Urbanität zum Besten zu haben. Auch mir Unwürdigen hat er zweymahl diese Ehre erwiesen; vermuthlich weil er nicht weiſs, daſs ich allein die todten Löwen Protagoras, Prodikus, Gorgias u. s. f. mit welchen es ihm jetzt so leicht wird den Herkules zu spielen, überlebt habe. Aber auch vor meiner Rache kann er sicher seyn; denn ich bin ihm zu viel Dank für die gute Digestion schuldig, die mir sein Hippias der Gröſsere gestern Abends nach einem grofsen Gastmahle verschafft hat. In meinem Leben hab' ich nicht so viel gelacht, wie über die Rolle, die er mich in diesem schnackischen Ding von einer dialektischen Schulübung spielen läfst. Man sollte denken, er habe die Wolken des Aristofanes zum Muster genommen, wie man es anfangen müsse, um ein ordentliches Menschengesicht zu einer fratzenhaften Larve zu verzerren. Das lustigste ist indessen, dafs der Leser immer in Zweifel bleibt, wen der filosofierende Spafsvogel eigentlich am lächerlichsten habe machen wollen: ob den guten Sokrates, der hier als das Ideal eines naseweisen attischen Spitzkopfs erscheint, und meinen blödsinnigen Repräsentanten (den er blofs einem Arzt zu einer tüchtigen Porzion Niesewurz hätte zuweisen sollen) lieber zur Kurzweil in einem aus Spinnenweben gewebten Netze fangen will? oder den armen unbeholfenen Afterhippias, der sich aus einem dünnfädigen Netze nicht herauszufinden weifs. — Und mit solchen Schnurrpfeifereyen hofft euer Plato den Homer aus den Schulen der Griechen zu verbannen!

Einem von Eigendünkel und Selbstgefälligkeit so stark berauschten Menschen darf man schon etwas mehr als gewöhnliche Narrheiten zutrauen: aber dafs es schon so weit mit ihm gekommen seyn sollte, daſs er sich (wie man sagt) geschmeichelt finde auf Kosten des ehrsamen Ariston, seines gesetzmäſsigen Vaters, für einen leiblichen Sohn des Delfischen Gottes gehalten zu werden, kann ich doch kaum glauben. So viel ist indessen gewiſs, daſs ein angesehener Milesier von meiner Bekanntschaft folgende Anekdoten aus des Platonischen Neffen Speusipps eigenem Munde gehört zu haben versichert. 6)

Platons Mutter Periktione galt in ihrer Jugend für eine der schönsten Jungfrauen in Athen, — was bekannter Maſsen eben nicht sehr viel gesagt ist. Ariston, mit welchem sie verlobt war, unterlag an einem trüben Morgen der Versuchung, heimlich in ihre Kammer zu schleichen, und während seine Braut noch schlief, sich einen kleinen Vorgriff in seine eigene künftige Rechte zu erlauben. Es war ihm aber, alles gebrauchten Ernstes ungeachtet, schlechterdings unmöglich zum Ziel seiner Wünsche zu gelangen. Wie unbegreiflich ihm auch ein solches Unglück scheinen muſste, da er wenigstens sich selbst keine Schuld geben konnte, so ging es doch in der That ganz natürlich damit zu; denn, mit Einem Worte, der Platz war bereits von einem unsichtbaren Liebhaber eingenommen. Bey so bewandten

Umständen blieb freylich dem armen Ariston nichts übrig, als sich mit gesenkten Ohren eben so heimlich, wie er gekommen war, wieder wegzuschleichen. Aber in diesem Augenblick wurde der Nebel von seinen Augen weggeblasen; er sah wie Apollo sich leibhaftig von der Schlummernden erhob, erkannte den eben so schnell wieder verschwindenden als sichtbar gewordenen Gott, und beschloſs auf der Stelle, aus Beweggründen, woran seine Klugheit nicht weniger Antheil hatte, als seine Gottesfurcht, die Vermählung mit Periktione zwar zu beschleunigen, aber des ehlichen Rechts sich so lange zu entäuſsern, bis sie geboren haben würde. Im dritten Jahre der sieben und achtzigsten Olympiade, am siebenten Tage des Monats Thargelion (welcher, wie die Delier sagen, auch der Geburtstag des Apollo ist) wurde sie von diesem nehmlichen Plato, der jetzt seine göttliche Abkunft durch so wundervolle Werke zu Tage legt, entbunden, und Ariston rechnete sichs, wie billig, zur gröſsten Ehre, als ein zweyter Amfytryon, für den Vater des Göttersohns zu gelten; wir aber wissen nun was wir zu glauben haben, und wundern uns nicht länger, daſs ein Sohn des Pythischen Gottes uns von den Mysterien der übersinnlichen Welt so viel Unerhörtes und Undenkbares zu erzählen weiſs. Auch wird durch diese Anekdote eine andere, die aus eben derselben Quelle kommt, desto glaubwürdiger. Sokrates, sagt man, träumte einst, er habe einen noch unbefiederten jungen Schwan zwischen seinen Knieen, der aber (vermuthlich durch die Wunderkraft der in ihn übergehenden Sokratischen Wärme) so schnell Federn bekam, dafs er auf Einmahl die Flügel ausspannte und mit einem ungemein lieblichen Getöne sich in die Luft erhob. Tages darauf sey ihm der junge Plato vorgestellt worden, und Sokrates (dessen Glauben an seine Träume bekannt ist) habe sogleich bey seinem Anblick gesagt, diefs sey der junge Schwan, den er gestern im Traume gesehen habe."

Wenn du etwa mit dem Neffen des göttlichen Schwans bekannt genug seyn solltest, um eine Frage dieser Art an ihn zu thun, so erkundige dich doch bey ihm, ob der Freund, von welchem ich diese Anekdoten habe, sich mit Wahrheit auf sein Zeugnifs berufe oder nicht. —

Nun von etwas anderm! Ich habe hier noch einige Schönen aus Aspasiens Schule gefunden, die zwar schon etwas lange aufgehört haben jung zu seyn, aber noch anziehend genug sind, um nicht wenig zu den Annehmlichkeiten von Mylet beyzutragen. Eine von ihnen hat (ich weifs selbst nicht wie?) Mittel gefunden, mich in eine Art Platonischer Liebe zu verstricken, die etwas so neues für mich ist, daſs ich mich dem Wundermann für seine Erfindung sehr verpflichtet erkennen würde, wenn die schöne Anthelia (so nennt sich meine Freundin) nicht unglücklicher Weise ein sehr weibliches Weib wäre, und also, der Theorie des Erfinders zu Folge, ohne Entweihung der Mysterien des Uranischen Eros nicht auf Platonisch geliebt werden darf.

Seit einiger Zeit hält sich unter andern nicht gemeinen Künstlern auch dein Freund Parrhasius zu Milet auf, und findet viele Ursache sich bey uns zu gefallen. Die Jünglinge des Plutus wetteifern mit einander, wer die meisten und schönsten Stücke von ihm aufzuweisen habe, und der Künstler befindet sich ungemein wohl bey dieser Eifersucht: Ob sie aber der Kunst eben so zuträglich seyn werde, ist eine andere Frage. Wenigstens setzt sie jenen in eine starke Versuchung, sich eine dem Auge schmeichelnde geschwinde Manier anzugewöhnen, und künftig mehr für den schwärmerischen Beyfall des freygebig bezahlenden Liebhabers, als für das ruhige Wohlgefallen des streng urtheilenden Kenners zu arbeiten.

Eine unsrer schönsten Hetären hat sich indessen wohlfeil genug in den Besitz seiner Leda (die in ihrer Art über allen Preis ist) zu setzen gewufst, und ist dadurch auf Einmahl die reichste ihres Standes geworden, indem sie das eben so leicht erworbene als leichtfertige Gemähldchen dem Satrapen Teribazus für eine unerhörte Summe wieder verkaufte.

Sage mir doch, Aristipp, was für ein Schwindel deine Kechenäer angewandelt hat, dafs sie den König Artaxerxes, von welchem sie mit so grofsen Beweisen seines Wohlwollens und Vertrauens überhäuft worden, und dem sie es allein zu danken haben, dafs sie wieder etwas unter den Griechen bedeuten, sich mit aller Gewalt zum Feinde machen wollen? Zwar an dem Athenischen Volke wird mich keine Thorheit, wie ungeheuer sie auch seyn mag, jemahls in Verwunderung setzen; aber wie Konon von seinem Glücke so sehr berauscht werden konnte, dafs er sein eigenes Werk, die Furcht so vieler Gefahren und Arbeiten, mit eigenen Händen wieder vernichtet, das geht über meinen Begriff. Kannst du dir vorstellen, wie dieser um Athen so sehr verdiente Mann übermüthig und unklug genug seyn kann, das Vertrauen des Königs und des Satrapen Farnabazus so unverschämt zu betrügen, dafs er die Persische Kriegsflotte, die ihm zu gewissen Unternehmungen gegen Sparta untergeben worden war, dazu mifsbraucht, die unter Persischer Oberherrschaft stehenden Ionischen Inseln und Städte, eine nach der andern, entweder geradezu den Athenern zu unterwerfen, oder zum Abfall zu reitzen und in ein allgemeines Bündnifs gegen den König zu verstricken? Dafs es ihm auch bey den Milesiern gelingen werde, zweifle ich indessen sehr. Es fehlt zwar auch hier nicht an unruhigen und regiersüchtigen Köpfen, die durch Ergreifung der Athenischen Partey zu gewinnen und den Pöbel auf ihre Seite zu ziehen hoffen, indem sie ihm die unermefslichen Vortheile der Demokratie vorspiegeln, und ihm weifs machen wollen, die vereinigte Macht von Athen und Milet allein sey mehr als hinlänglich, dem grofsen König die Unabhängigkeit des Griechischen Asiens abzutrotzen. Aber die edeln und reichen Häuser, und überhaupt alle zum Handelsstande gehörigen Bürger befinden sich bey der gegenwärtigen Verfassung, unter der gelinden Persischen Regierung, (die ihnen die wesentlichsten Vortheile der Freyheit willig zugesteht) viel zu wohl, und sind durch ehmahlige Erfahrungen zu sehr gewitziget, um solchen Lockungen Gehör zu geben. Inzwischen werden die Lacedämonier, die den

Kechenäern von jeher an Staatsklugheit und Konsequenz in ihren Maſsregeln unendlich überlegen waren, sich den Unverstand der letztern bald genug beym Könige zu Nutze machen, und wir werden unversehens das Vergnügen haben, die luftigen Schwindler von ihrer Höhe eben so geschwinde wieder herabstürzen zu sehen, als sie sich in ihrer voreiligen Einbildung, die der Realität immer tausend Parangen zuvorläuft, emporgeschwungen hatten. Antalcidas, einer der geschicktesten Staatsmänner und feinsten Unterhändler, welche Sparta besitzt, ist zu diesem Ende bereits an das königliche Hoflager abgegangen, und der Erfolg seiner Sendung kann um so weniger zweifelhaft seyn, da die Athener selbst ihm die stärksten Waffen gegen sich von freyen Stücken in die Hände spielen, und ihr möglichstes thun, dem so gröblich getäuschten Artaxerxes die Augen zu öffnen. Der groſse und entscheidende Vortheil, den das aristokratische Sparta über die Athenische Demokratie immer behaupten wird, liegt darin: daſs die grenzenlose Eitelkeit der letztern ihre Vergröſserungs-Projekte immer über alle Möglichkeit ins Unendliche hinaustreibt, nichts berechnet, nichts vorhersieht, und sich ruhig auf das alte Orakel verläſst, daſs die Götter ihre dummen Streiche immer wieder gut machen werden; da hingegen die wohlberechnete Staatsklugheit der erstern sich auf die Oberstelle unter den Griechischen Republiken einschränkt, und noch nie über diesen höchsten Punkt ihrer Ambizion hinauszugehen begehrt hat. Diese Mäſsigung wird den Persischen Hof, der die Griechen auf seine Kosten endlich kennen gelernt haben muſs, nothwendig auf den Gedanken bringen, sein eigenes Interesse erfordere, mit den Spartanern Friede zu machen, und die unzuverlässigen Athener, ohne darum ihre gänzliche Unterdrückung zuzugeben, sich selbst und ihrem Schicksal zu überlassen. Durch diese einzige Maſsregel wird er es stets in seiner Gewalt haben, die Griechen in immerwährender innerlicher Gährung zu erhalten, und, ohne sehr groſsen Aufwand, durch seinen politischen Einfluſs gerade so viel Gleichgewicht unter diese rastlos hin und her schwankenden Freystaaten zu bringen, als für das Interesse des Persischen Reichs und die allgemeine Ruhe der Welt nöthig ist. Denn es ist kaum möglich, daſs das ewige Thema euerer Redekünstler, der Isokrates, Lysias, u. s. w. „Eintracht unter allen Griechen zu Vereinigung ihrer Kräfte gegen den gemeinschaftlichen Feind in Asien," nicht endlich zu den Ohren des Königs kommen, und ihn überzeugen sollte, daſs die Begünstigung des Spartanischen Systems das sicherste Mittel sey, einer so gefährlichen Koalizion zuvorzukommen.

Wundre dich nicht, Aristipp, wie ich mit meiner oben angerühmten sorglosen Denkart und Lebensweise dazu komme, dich so unversehens mit einer so reichlichen politischen Ergiefsung zu beträufeln. Seit etlichen Wochen hört man hier nichts anders. Alles was in der weitesten Bedeutung zur guten Gesellschaft gehört (die zahlreiche Innung der Hetären mitgerechnet) spricht Politik und ist Spartanisch gesinnt, und dafs ich selbst, trotz meiner Weltbürgerschaft und Kaltblütigkeit, diese Partey ergriffen habe, wird dich, wenn ich auch den Nefelokokkygiern weniger abhold wäre als ich es immer war, mein alter Hafs gegen die Ochlokratie nicht bezweifeln lassen.

8.

Aristipp an Hippias.

Ich werde es immer unter die glücklichsten Ereignisse meines Lebens zählen, daſs ich den Sokrates gekannt, und während der drey bis vier Jahre, da ich freyen Zutritt bey ihm hatte, seines Umgangs beynahe täglich genossen habe. Wie wenig auch das, was ich von ihm lernen konnte, in anderer Augen seyn mag, nach meiner Schätzung und für meinen eigenen Gebrauch ist es sehr viel, und mehr als genug um mir ein Recht auf den Nahmen eines Sokratikers zu geben, auf den ich stolz bin, und den ich nicht unwürdig zu führen hoffe.

Es war eine von den Meinungen des Sokrates, die ich ihn öfters in seiner eigenen genialischen Manier behaupten hörte, „Weisheit und Tugend könnten nicht auf die Art, wie man sichs gewöhnlich vorstelle, gelehrt," d. i. nicht in unsre Seelen hineingeschoben werden, wie man Brot in den Backofen schiebt. Zuweilen sprach er, als betrachte er sich wie einen Gärtner, dessen Geschäft es ist, nützliche Pflanzen und Gewächse zu ziehen und zu warten. Alles was der Gärtner vermag (sagte er) besteht darin, dafs er guten Samen in ein wohlzubereitetes Land lege, und die junge Pflanze, wenn sie aufgegangen ist, vor Frost und schädlichen Winden sichere, vor aller Verletzung bewahre, und, so weit es in seiner Macht steht, dafür sorge, dafs sie nicht zu viel noch zu wenig Sonne bekomme, nicht zu viel noch zu wenig genährt werde, u. s. f. Aber eine schlechte Gattung in eine edle zu verwandeln, oder einer schwachen kränkelnden Pflanze das fröhliche Wachsthum einer gesunden und starken zu geben, steht nicht bey ihm; und wenn er sein möglichstes gethan hat, kann er doch nicht verhindern, dafs ein einziger unerwarteter Nachtfrost oder irgend ein anderer Zufall aller seiner Sorge und Pflege spottet. — Am meisten liebte er das Bild einer Geburtshelferin, und verglich sich mit seiner Mutter, die, wiewohl sie für eine grofse Meisterin in ihrer Kunst galt, ein ungestaltes Kind in kein wohlgebildetes verwandeln konnte, sondern zufrieden seyn mufste, wenn sie, was nun einmahl da war, glücklich zur Welt gebracht hatte. Sokrates hat in diesem Sinne Kindern von sehr ungleicher Art ins Leben geholfen. Aber um diejenigen, die ihm täglich und mehrere Jahre zur Seite waren, machte er sich auch das Verdienst eines Pädagogen; und, wie die Erfahrung lehrt, dafs Knaben sich, ohne es zu wollen oder zu merken, immer nach ihrem Erzieher bilden, und mehr oder weniger seine Weise sich zu geberden, zu reden, zu gehen, den Kopf zu tragen, u. s. w. annehmen; so findet sich auch, dafs keiner von den Zöglingen des Sokrates ist, an dem man nicht diese oder jene Züge von ihm gewahr würde, so dafs — wie man von Zeuxis sagt, er habe aus fünf der schönsten Agrigentischen Mädchen seine berühmte Helena zusammengesetzt — aus fünf oder sechs von uns ein ganz leidlicher Sokrates zusammengesetzt werden könnte. So hat z. B. Plato sich seiner Ironie und eigenen feinen Manier zu scherzen, Xenofon seiner Grundbegriffe, Maximen und Ideale in Sittenlehre und Staatskunst, und seines Glaubens an Orakel, Träume und Opferlebern, Antisthenes seiner Geringschätzung aller Gemächlichkeiten und künstlichen Wollüste der Reichen, Cebes von Theben seines Talents die Filosofie in Fabeln und Allegorien einzukleiden, bemächtigt. Mir ist also kaum etwas andres übrig geblieben als seine

Anspruchlosigkeit, sein Widerwille gegen alles Geschminkte und Unnatürliche, gegen Aufgeblasenheit, Eigendünkel und ungebührliche Anmaſsungen, seine Geringschätzung aller spitzfündigen, im Leben unbrauchbaren und bloſs zum Gepräng und zum Disputieren dienlichen Spekulazionen, seine Manier bey Erörterung problematischer Fragen immer zuerst auf das, was uns die Erfahrung davon sagt, Acht zu geben, nach der Entstehungsweise der Begriffe, in welche das Problem zerfällt, zu forschen, und überhaupt beym Suchen der Wahrheit immer vorauszusetzen, daſs sie uns ganz nahe liege, und meistens nur durch den Wahn, daſs man sie weit und mühsam suchen müsse, verfehlt werde, — und was sonst in dieses Fach gehört. In allem diesem, und (wenn ich mir nicht zu viel schmeichle) noch in manchen andern Stücken, finde ich mich Ihm so ähnlich, daſs ich mir zuweilen einbilde, ich würde, wofern ich in der sieben und siebzigsten Olympiade in seinen Umständen auf die Welt gekommen wäre, Sokrates, oder Er, vierzig Jahre später in den meinigen geboren, Aristipp gewesen seyn. Auf diese Weise erkläre ich mir das Verschiedene in den Ähnlichkeiten, die ich mit ihm habe. Er kleidete sich z. B. schlecht, weil er arm war und sich dessen nicht schämte; aber er liebte die Reinlichkeit; wäre Er reicher gewesen, würde er sich vermuthlich nicht schlechter gekleidet haben als ich; so wie Ich mich nicht geringer dünkte, als ich im ersten Jahre meines Aufenthalts zu Athen, in einem groben wollenen Tribonion unbeschuht hinter ihm her trabte. — Seine Mahlzeit kostete selten mehr als drey bis vier Obolen; indessen schlug er nicht leicht eine Einladung zu den prächtigsten Gastmählern aus, wenn er gewiſs war gute Gesellschaft anzutreffen; wär' er reicher gewesen, so hätt' er vermuthlich, wie Ich, lieber Andere eingeladen, als sich einladen lassen. Er kaufte weder Bildsäulen noch Gemählde, weil er kein Geld zu solchen Ausgaben hatte; aber er liebte darum die Kunst nicht weniger, und wuſste die Werke der groſsen Meister sehr wohl zu würdigen: Ich habe mir, weil mir das Glück besser wollte als Ihm, eine feine Sammlung auserlesener Mahlereyen angeschafft, und bin darum kein gröſserer Kenner. — Er trank gewöhnlich Wasser, konnte aber, wenn's darauf angelegt war, den stärksten Weinschläuchen die Stirne bieten, und streckte sie alle zu Boden, ohne daſs man eine merkliche Veränderung an ihm spürte: Ich trinke gewöhnlich Wein, und den besten der zu haben ist; aber sehr mäſsig, weil ich viel nicht vertragen kann. — Ich liebe schöne Weiber ungefähr wie Er schöne Knaben liebte, ohne dafs Platons Eros Pandemos jemahls mehr Gewalt über mich gehabt hätte als über ihn: ich zweifle aber sehr, dafs er zu seiner Zeit die schöne Aspasia von sich gestofsen hätte, wenn sie Lais für ihn hätte seyn wollen. Dafs er sich übrigens im Nothfall an seine Xantippe hielt, war eine löbliche, wiewohl ihrer sauren Laune ungeachtet, eben nicht sehr verdienstliche Genügsamkeit; denn Xantippe war weder eine häfsliche noch bösartige Frau. — Sokrates sog, weil er ein sehr starker Mann war, die mühsamern und heftigern Leibesübungen den sanftern und ruhigern vor: bey mir ists gerade umgekehrt. — Bey Ihm war der Weltbürger dem Bürger von Athen untergeordnet; bey Mir der Bürger von Cyrene dem Weltbürger: wäre Cyrene seine Vaterstadt gewesen, Athen die Meinige, so würde vermuthlich das Gegentheil Statt gefunden haben.

Ohne diese Parallele noch weiter zu verfolgen, will ich dir lieber geradezu sagen, was ich mit diesem ganzen Prolog haben will: nehmlich nichts weiter als dich zu verständigen, warum und wie fern meine Filosofie weder mehr noch weniger die sokratische ist, als ich selbst — Sokrates bin. Auch meinte es Sokrates nie anders. Er verlangte keinen Nachtreter und Nachsprecher. Er theilte uns und jedem der ihn hören mochte, unverhohlen mit, was er für wahr und recht, gut und anständig hielt, und wenn er jemanden belehren wollte, stellte er es immer so an, daſs der Hörende das, was sie mit einander suchten, selbst gefunden zu haben glaubte. Oft war das was er gab nicht sowohl Lehre als guter Rath, der, zu einer allgemeinen Maxime gemacht, vielleicht viele Ausnahmen zulieſs oder sogar erforderte. Kurz, er überlieſs es dem guten Verstand seiner Gesellschafter, wie viel oder wenig sie von dem Gehörten brauchen könnten oder wollten, und verlangte weder Pythagoräischen Glauben an seine Aussprüche, noch blinde sklavische Befolgung seiner Vorschriften. In dieser Rücksicht verdenke ich es dem Plato eben so wenig, daſs er in so vielen Stücken von Sokrates abweicht, als ich selbst Tadel zu verdienen glaube, daſs meine Filosofie, wiewohl sie sehr leicht und ungezwungen mit der Sokratischen in Harmonie gesetzt werden kann, dennoch nicht eben dieselbe mit ihr ist. Was ich an Plato tadle, ist, daſs er den entschiedenen Feind aller Meteoroleschie in vielen, wo nicht in den meisten seiner Dialogen die Rolle eines wahren

Aristofanischen Frontisten spielen läſst, und daſs es immer der unschuldige Sokrates ist, den er vor den Riſst stellt, und, weil er nicht mehr zur Verantwortung gezogen werden kann, für Dinge veantwortlich macht, die er nie gesagt haben würde, und welche Plato selbst in eigener Person zu sagen vielleicht Bedenken trüge.

Ich glaube mich hiermit deutlich genug erklärt zu haben, Freund Hippias, in welchem Sinn ich ein Sokratiker zu seyn und zu heiſsen wünsche. Übrigens kennst du die Welt zu gut, um dich zu verwundern, daſs der Nahme und die Filosofie des in seinem Leben wenig geachteten und von den Meisten falsch beurtheilten Sokrates seit seinem Tod, und selbst durch die Art seines Todes, vielleicht auch durch das erst nachher bekannter gewordene Orakel des Delfischen Gottes, den Griechen so ehrwürdig geworden ist, daſs viele von keiner andern Filosofie als der Sokratischen hören wollen. Da ich nun, ich weiſs selbst nicht wie, in den Ruf gekommen bin, daſs sie von mir ächter und reiner zu erlernen sey als von Plato oder Antisthenes, so ist es schon mehr als Einmahl begegnet, daſs geschlossene Gesellschaften von enthusiastischen Verehrern des Weisesten aller Menschen das Ansinnen, ihnen nicht meine eigene, sondern seine Filosofie in ihrer ganzen Lauterkeit vorzutragen, so ernstlich an mich gelangen liefsen, da ich mich nicht entbrechen konnte, ihr Verlangen zu befriedigen. Wenn dir also etwas zu Ohren kommt, dafs Aristipp sich seinen Unterricht sehr theuer bezahlen lasse, so wisse, dafs diefs blofs von diesen Vorträgen der Filosofie des Sokrates (die ich defswegen in ein zusammenhangendes System zu bringen genöthigt war) zu verstehen ist. Denn ich glaube einen Unterricht dieser Art, wobey ich mich gewisser Mafsen als einen blofs mechanischen Arbeiter gebrauchen und zum blofsen Sprachwerkzeug eines andern machen lassen mufs, mit Fug und Recht eben so gut zu Geld anschlagen zu können, als ein Steinhauer, der den Marmor zu einem Tempel oder Säulengang nach einem gegebenen Mafs und Modell zu bearbeiten und zusammenzufügen übernommen hat, seine Zeit und Arbeit. Alles diefs, lieber Hippias, hielt ich für dienlich, dir über meinen Sokratism etwas ausführlich zu sagen, weil es ein für allemahl gesagt seyn soll.

Dafs du, mit aller deiner Dankbarkeit für das heilsame Lachen, so dir Plato durch seinen gröfsern Hippias zubereitet hat, diesem Göttersohn nicht allzu hold bist, finde ich sehr natürlich. In so fern es für einen Trost gehalten wird, Gefährten im Leiden zu haben, lafs es dir — in Augenblicken, wo es dir etwa nicht so ganz lustig däuchten möchte, von einem hochangesehenen und weitberühmten Manne allen Griechen der gegenwärtigen und künftigen Zeit als ein einfältiger Strohkopf vorgeführt zu werden — zu einigem Troste dienen, dafs der tapfre, weise und weltberühmte Befehlshaber und Geschichtschreiber des Rückzugs der zehentausend Griechen in seinen Sokratischen Denkwürdigkeiten mit deinem Freund Aristipp nicht glimpflicher zu Werke geht. Das Beste ist, dafs beide bey denen, die dich und mich persönlich kennen, schwerlich in den Ruf groſser Portraitmahler kommen werden.

Das zweydeutige Mährchen von der hohen Abkunft des Sohnes der edeln Periktione geht wirklich schon seit einiger Zeit unter seinen Verehrern herum, so wie unter den Athenern überhaupt ein heimliches Gemurmel, es dürfte ihm schwer fallen, zu beweisen, dafs er der Sohn eines Attischen Bürgers sey. Welches von diesen beiden Gerüchten das andere erzeugt haben mag, ist ungewifs. War das letztere das ältere, so begreift sich um so leichter, wie die Freunde Platons auf den Einfall kommen konnten, ihm einen Ursprung zu geben, der ihn mit den gröfsten Männern der heroischen Zeit auf gleichen Fuſs setzt. Speusipp erzählte das Mährchen, mit allen von dir erwähnten Umständen, in einem sehr religiösen Ton, wenn er mehr als Einen Zuhörer hat, und scherzte mit mir darüber sobald wir allein waren. Das Wahre an der Sache läſst sich leicht errathen, wenn man weiſs, daſs Ariston sehr wesentliche Ursachen hatte, die angesehene Familie seiner Braut und den goldlockigen Apollo, den er bey ihr überraschte, zu schonen, nichts davon zu sagen, daſs die Athener überhaupt ziemlich bequeme und urbane Ehemänner sind. Der Traum des Sokrates scheint seine Richtigkeit zu haben, und, wie mehrere Träume dieses auſserordentlichen Mannes, mit seinem Dämonion in einerley Fach zu gehören.

Was du mir von Konon meldest, hat mich nicht befremdet, wiewohl man hier nichts von einem Bruch mit dem groſsen König wissen will, und von Konons Unternehmungen gegen die Inseln als einer mit Farnabaz abgeschlossenen Sache spricht. Was man indessen täglich an allen öffentlichen Orten zu Athen hören kann, ist die hoffärtige und undankbare Art, wie unsre Kechenäer von ihrem Verhältniſs gegen den

Persischen Monarchen reden. Sie vermeinen ihm so wenig Dank schuldig zu seyn, daſs er selbst vielmehr, wenn man ihnen glaubt tief in ihrer Schuld ist, und noch viel zu thun hat, wofern er die von ihnen empfangene Wohlthat einiger Maſsen wett machen will Denn, sagen sie, haben ihn nicht die Siege unsrer Flotten von seinem furchtbarsten Feinde befreyt? Würde nicht Agesilaus jetzt vor Susa stehen, wenn Konon die Spartanische Seemacht nicht bey Knidus vernichtet hätte? Es war des Königs Interesse sich um unsre Freundschaft zu bewerben, und sie gegen die Spartaner zu benutzen; das Unsrige ist, den günstigen Augenblick, da die Spartaner uns nicht daran hindern können, zu Befreyung der Ionischen Kolonien, unsrer Freunde, und zu Wiedererlangung der uns gebührenden Hegemonie anzuwenden. Der König muſs uns selbst dazu verhelfen; oder er ist der undankbarste aller Menschen." — Du wirst die Athener an dieser überhin fahrenden, raschen und einseitigen Art zu räsonieren leicht erkennen, mit welcher ihre Art zu handeln völlig aus Einem Stück ist. Nie haben sie es der Mühe werth gehalten, sich an eines andern Platz zu stellen, und zu überlegen, in welchem Licht oder von welcher Seite er eine Sache sehen müsse.

Und woher sollten sie die Geduld nehmen, einen Entwurf gelassen durchzudenken, die Mittel und Wege dazu in der Stille vorzubereiten, die Hindernisse vorsichtig wegzuräumen, und nicht eher zur wirklichen Ausführung zu schreiten, bis der Erfolg, gleich einer reifen Frucht, uns ohne grofse Mühe gleichsam von selbst in den Schofs fällt? Ich zweifle nicht, dafs sie auch diefsmahl, wie du vorher siehest, durch ihre unbesonnene Voreiligkeit der Spartanischen Klugheit einen unblutigen Sieg in die Hände spielen werden, dessen Folgen schwerer auf ihnen liegen dürften, als die zu Athen so hoch gepriesenen Siege Kanons auf den Lacedämoniern.

Dafs deine Milesier weise genug sind, der Lockpfeife des Athenischen Vogelstellers kein Gehör zu geben, versichert dir, wie ich hoffe, noch auf lange Zeit die glückliche Ruhe, die du im Schofse der Musen und der übrigen freudengebenden Götter so gut zu geniefsen weifst. Mir ist zu Athen, wiewohl wir vor der Hand nichts zu befürchten haben, nicht selten zu Muthe, als ob ich in einem ohne Masten und Steuerruder auf einem unruhigen Meere herumtreibenden Schiffe hausete; und je mehr ich den dermahligen Wohlstand meiner Vaterstadt mit dem heillosen Zustande der

Athenischen Ochlokratie vergleiche, desto mehr Stärke gewinnt der geheime Hang, der uns immer, auch wenn es uns unter Fremden wohl geht, nach dem Orte zieht, wo wir uns eigentlich zu Hause fühlen, wo unsre angeborne älteste Freunde leben, und die Erde selbst uns näher als anderswo verwandt zu seyn scheint, und etwas so anziehend Heimisches für uns hat, daſs wir wenigstens unsre Asche mit keiner andern Erde zu vermischen wünschen.

9.

Lais an Aristipp.

Ich bin nun einmahl, wie es scheint, dazu geboren, lieber Aristipp, eine sonderbare Rolle in der Welt zu spielen, und am Ende ist es auch so übel nicht, in seiner Art einzig zu seyn: aber daſs ich in Gefahr kommen könnte, von den Söhnen des Hippokrates in das Register ihrer Heilmittel gesetzt und als ein unfehlbares Specifikum gegen die Nymfolepsie verschrieben zu werden; das hättest du dir wohl nie einfallen lassen?

Im Grunde bin ich mit aller meiner eingebildeten Überlegenheit doch nur eine gutherzige Thörin, die ihr nur bey ihrer Grofsmuth zu fassen braucht, um alles was ihr wollt aus ihr zu machen. Das unangenehmste dabey ist indessen die leidige Berühmtheit, die ich mir durch die blofse Gutartigkeit meiner Natur zuziehe; eine Tugend, welche unsre edeln korinthischen Matronen sich schlechterdings nicht zu erklären wüfsten, wenn sie ihr nicht die einzige Unterlage gäben, die ihnen (vermuthlich aus eigener Erfahrung) bekannt ist. Wirklich hat das seltsame Abenteuer, das mir in diesen Tagen zustiefs, ein solches Aufsehen in dieser volkreichen und geschäftevollen Stadt erregt, dafs in allen Gesellschaften, auf allen Marktplätzen und unter allen Hallen von nichts anderm, als von der Wunderkur, die ich an einem edeln Aspendier verrichtet haben soll, geplaudert wird; aber wie, und mit welchen Beywerken und Verzierungen, kannst du dir vorstellen. Dafs eine Person, die sich einer beynahe zwölfjährigen Freundschaft mit dem weisen Aristipp zu rühmen hat, das alles nicht voraussehen konnte! — Freylich! — Aber was zu thun? Die

Thorheit, wofern es eine war, ist nun einmahl begangen, und ich bin es so überdrüfsig; überall wo ich mich blicken lasse, schon auf dreyhundert Schritte weit, alle Zeigefinger und Spitznasen nach mir hingelüftet zu sehen, dafs mich dieses Übermafs von Celebrität (unter uns gesagt) ein paar Monate eher als gewöhnlich nach Ägina treiben wird. Doch es ist hohe Zeit, dir durch eine offenherzige Erzählung aus dem Wunder zu helfen, worin ich deine Einbildungskraft schon so lange schweben lasse.

Du erinnerst dich ohne Zweifel der Venus von Skopas, welcher ich in der ersten Blüthe meiner Jugend zum Urbild dienen mufste. Skopas hatte mit meiner Bewilligung das Modell dieser Bildsäule behalten, aber (wie es zu gehen pflegt) durch die Zusage, keine Nachbilder davon zu machen, nicht so streng gebunden zu seyn vermeint, dafs er sich nicht erlaubt hätte, deren mehrere zu verfertigen und als Ideale von seiner eigenen Erfindung zu verhandeln. Zufälliger Weise kam eines dieser Bilder nach Aspendus, einer ansehnlichen Stadt in Pamfylien (die du vielleicht auf deinen Wanderungen gesehen hast) und gerieth dort in die Hände eines reichen Mannes, der sie unter andern von ihm gesammelten Kunstwerken in einer Halle seines Hauses aufstellte. Chariton, der einzige Sohn dieses Mannes, ein Jüngling von siebzehn Jahren, und der letzte Sprößling eines alten, um Aspendus wohl verdienten Hauses, hatte das seltsame Unglück, in eine heftige Leidenschaft für die marmorne Göttin zu fallen. Trotz aller Gewalt, womit der junge Mensch diese lächerliche Liebe zu bekämpfen strebte, nahm sie von Tag zu Tag zu; und er verfiel nach und nach in eine Schwermuth, welche durch die Unmöglichkeit, seine Sehnsucht nach Gegenliebe jemahls befriedigt zu sehen, zuletzt in gänzlichem Wahnsinn und unheilbarer Tollheit endigte. Der hartnäckige aber sehr natürliche Eigensinn des verschämten Jünglings, die Ursache seiner Krankheit schlechterdings niemand entdecken zu wollen, hatte ohne Zweifel nicht wenig beygetragen, daſs es so weit mit ihm kam. Man ward nur desto aufmerksamer auf ihn, sein trauriges Geheimniſs wurde ihm abgelauscht, und die gefährliche Bildsäule auf die Seite gebracht, in Hoffnung daſs eine so widersinnige Leidenschaft, wenn sie durch das Anschauen und Betasten ihres Gegenstandes nicht länger genährt würde, nach und nach von selbst erlöschen müſste. Aber gerade dieses Mittel vollendete das

Unglück, und die Raserey des armen Chariton stieg endlich auf den höchsten Grad. Jahrelang ward die Kunst aller Arzneymänner in Pamfylien, Lycien und Karien an ihm zu Schanden geworden, als endlich ein zufällig nach Aspendus verirrter Arzt von Kos sich bewegen liefs, den letzten Versuch an ihm zu machen, und auf den Einfall gerieth, ob nicht vielleicht ein lebendes Urbild der fatalen Bildsäule vorhanden seyn möchte, zu welchem der unglückliche Jüngling durch die Gewalt einer geheimen Sympathie unwiderstehlich hingezogen würde. Denn man fand es unbegreiflich, dafs ein blofses Fantasiewerk des Künstlers eine so heftige Leidenschaft hätte bewirken können. Wiewohl nun die vermuthete Sympathie im Grunde nicht begreiflicher war, so ruhte doch der alte Charidemus (so nennt sich der Vater des Unglücklichen) nicht, bis er den Aufenthalt des Skopas entdeckt und ihm die Eröffnung abgedrungen hatte, dafs die Venus, die so viel Unheil in dem Gehirne seines Sohnes anrichtete, ein getreues Nachbild der schönen Lais zu Korinth sey, deren Ruf von Sardes aus durch ganz Asien erschollen war. Sogleich ist des Vaters Entschlufs gefafst; er miethet ein Schiff, läfst den Kranken und den Arzt an Bord bringen, und segelt mit dem ersten günstigen Winde der Pelopsinsel zu. Man hatte ihm schon in Rhodus, wo er unterwegs anlandete, nicht verhalten, daſs er zu Korinth gröſsere Schwierigkeiten finden würde als er sich einzubilden schien. Man schilderte ihm in der Schönen, auf deren Hülfe er so sichre Rechnung machte, eine eben so stolze als reiche Hetäre, deren Thür von der edelsten Jugend der ganzen Hellas vergeblich belagert werde; es wäre, sagte man, eben so leicht, den Wind in einem Fischernetze zu fangen, als ihr die kleinste Gunsterweisung mit allem Golde des Paktols abzukaufen. Aber der Aspendier, dem es seinen einzigen Sohn galt, lieſs sich nicht abschrecken; kurz, er langte zu Ende des verwichenen Anthesterions glücklich im Kenchräischen Hafen an. Stelle dir vor, Aristipp, wie ich überrascht wurde, als auf einmahl ein unbekannter Fremder von ziemlich ehrwürdigem Ansehen vor mir erschien, mir unter vielen Entschuldigungen entdeckte wer er sey, und um Erlaubniſs bat mir ein Anliegen zu eröffnen, von dessen Erfolg die Erhaltung seines einzigen Sohnes abhange. Aber als er mir nun vollends den kläglichen Fall selbst vortrug, und mich kniefällig bey allen Göttern beschwor, ihm meine Hülfe in dieser äuſsersten Noth nicht zu versagen, — kannst du mich tadeln, daſs ich mir Gewalt anthun muſste, um dem treuherzigen

Aspendier, der Thränen ungeachtet, die über seine eingefallenen Wangen herabrollten, nicht gerade ins Gesicht zu lachen? Ich raffte indessen doch in der Eile so viel Ernsthaftigkeit zusammen als nöthig war, das Lachen noch zu rechter Zeit in ein holdes Lächeln zu verschmerzen, womit ich meiner Antwort blofs das Herbliche benehmen zu wollen schien. Was für eine Hülfe, sagte ich, kannst du dir in einem so seltsamen Falle von mir versprechen? Ich verstehe mich nicht auf die Heilkunst; und besäfse ich auch alle Kenntnisse eines Melampus, Machaon und Podalirius, so wäre noch immer die Frage, ob sie hinreichten das Wunder zu thun, das du von mir erwartest. — O gewifs, rief er, vermagst du mehr als Melampus, Machaon und Podalirius, ja als Chiron und Äskulap und der Wundarzt der Götter Päeon selbst. — Unbegreiflich! versetzte ich mit einer so unschuldigen Miene, dafs ihm alles was er noch sagen wollte, aus Verwunderung oder Verlegenheit, in der Kehle stecken blieb. Der Arzt, den er mitgebracht hatte (ein sehr verständiger Mann, wie sichs in der Folge zeigte) eilte seinem Patron zu Hülfe, entschuldigte sehr ehrerbietig ihre Freyheit mich so unangekündigt zu überfallen mit der Besorgnifs abgewiesen zu werden, und schränkte sich auf die blofse Bitte ein, dafs ich ihm die Gunst erweisen möchte, zu einer mir gelegenen Stunde anzuhören, was er mir im Nahmen seines Patrons vorzutragen hätte. Bey dergleichen Anlässen pflegt meine Gutherzigkeit, oder wie du es sonst nennen willst, der Überlegung gewöhnlich einige Schritte zuvor zu eilen. Ich ersuchte also die Fremden, wofern sie nichts besseres zu versäumen hätten, sich sogleich eine Wohnung in meinem Hause gefallen zu lassen, welches, wie du weiſst, Raum und Bequemlichkeit genug hat, um zur Noth einen Persischen Satrapen zu beherbergen; und mein Erbieten wurde, nachdem sie sich so viel, als die Aspendische Urbanität erforderte, gesträubt hatten, mit dankbarem Entzücken angenommen.

Sobald meine Gäste von dem angewiesenen Flügel des Hauses Besitz genommen hatten und gehörig bewirthet worden waren, lieſs der Arzt (der sich Praxagoras nennt, und ein Anverwandter und Schüler des berühmten Hippokrates ist) sich erkundigen, ob es mir jetzt gelegen wäre ihm ein geheimes Gehör zu verwilligen. Er wurde sogleich in mein Kabinet geführt, und, wiewohl er ein gesetzter und schon etwas bejahrter Mann ist, schien er doch, da er sich allein mit mir sah, in einige Verwirrung zu gerathen, wuſste sich aber sehr bald mit einer Bescheidenheit und guten Art heraus zu ziehen, die ein sehr günstiges Vorurtheil für ihn erweckten. Ich läugne nicht, fing er an, daſs wir mit einer Art von Plan und Erwartung hierher gekommen sind; aber es bedurfte auch nichts als deinen ersten Anblick, um zu sehen daſs von allem dem nicht mehr die Rede seyn könne. Alles, warum ich dich also im Nahmen des unglücklichen Vaters zu bitten wage, ist, daſs es mir erlaubt werde, dich durch eine ausführliche Darstellung unsers in seiner Art vielleicht einzigen Falles in den Stand zu setzen, den Grad des Mitleidens Selbst zu bestimmen, den, wie ich nicht zweifle, die Güte deines Herzens uns nicht versagen wird.

Auf diesen hinterlistigen Eingang machte er mir nun, nachdem ich ihn mit aller geziemenden Holdseligkeit dazu aufgemuntert hatte, eine umständliche und (lache nicht, Aristipp) wirklich rührende Erzählung von der ganzen Geschichte der seltsamen Krankheit des jungen Charitons, wovon ich, da es mir nicht um einen Angriff auf deine Mildherzigkeit zu thun ist, zu dem, was ich dir von ihrem Ursprung und Fortgang bereits berichtet habe, nur so viel hinzu thun will, als des Zusammenhangs wegen nöthig zu seyn scheint.

Nach mancherley vergeblichen Versuchen, welche von verschiedenen Ärzten und Quacksalbern an dem zerrütteten Jüngling gemacht worden, war es endlich demjenigen, unter dessen Aufsicht er sich gegenwärtig befindet, gelungen, die Raserey, die ihm nur selten Ruhe liefs, zu einer stillern Art von Wahnsinn herabzustimmen; so dafs man wieder zu hoffen anfing, er könnte durch eine behutsame und schonende Behandlung vielleicht wiederherzustellen seyn. Seine Fantasie wurde zwar noch immer von einer einzigen Vorstellung tyrannisch beherrscht; aber sie nahm unvermerkt einen weniger unordentlichen Gang, und bestrebte sich eine Art von scheinbarem Zusammenhang in ihre Fieberträume zu bringen. Das gewöhnlichste war jetzt, dafs er die Bildsäule, die all dieses Unheil angerichtet hatte, mit einer wirklichen Person verwechselte, und in den hellern Augenblicken, die jetzt öfter als sonst kamen und länger dauerten, sich fest in den Kopf setzte, seine Geliebte sey ihm von einem feindseligen Dämon oder boshaften Zauberer geraubt, und durch magische Künste in ein Marmorbild verwandelt worden. Auf diesen Wahn hatte nun Praxagoras, nachdem einige andere Versuche, denselben zum Vortheil des Kranken zu benutzen, fehlgeschlagen, zuletzt den Plan gebaut, bey dessen

Ausführung ich Unschuldige (wie es scheint) die Hauptrolle spielen sollte. Er wufste unvermerkt die Einbildung in ihm zu erwecken, es lebe auf einer unbewohnten Insel des Griechischen Meeres eine mächtige und wohlthätige Nymfe und Zauberin, durch deren Beystand er wieder zum Besitz seiner Geliebten gelangen könne. In dieser Hoffnung hatte sich der arme Chariton ziemlich ruhig zu Schiffe bringen lassen; während der ganzen Reise war er meistens still und in sich selbst gekehrt geblieben, und nun, da er in dem Palast der magischen Nymfe angekommen zu seyn glaubte, schien er mit Ungeduld und argwöhnischem Misstrauen, welche alle Augenblicke einen stürmischen Ausbruch besorgen liefsen, des Erfolgs, worauf man ihn vertröstet hatte, gewärtig zu seyn.

Praxagoras beschlofs seine Erzählung mit der nochmahligen Erklärung: dafs sie alles was in diesem so weit aufser dem gewöhnlichen Wege liegenden Vorfall zu thun seyn möchte, meiner Weisheit und Grofsmuth unbedingt überliefsen. Die Weisheit war hier zu viel, wirst du denken; wenigstens mufste ich mich durch ein so feines Kompliment aufgefordert fühlen, diese Weisheit nun auch zu behaupten, die man mir so uneigennützig geliehen hatte. Ich antwortete also nach einer kleinen Pause: Wiewohl weder ich, noch mein Bild, noch der Bildhauer Skopas, von irgend einem Gerichtshof in der Welt für dieses ohne Zuthun unsers Willens veranlaſste Unglück verantwortlich gemacht, und zu irgend einer Art von Vergütung desselben verurtheilt werden könnten, so fühlte ich mich doch aus Menschlichkeit geneigt, und gewisser Maſsen sogar verpflichtet, alles, was billiger Weise von mir erwartet werden könnte, zum Troste des bedauernswürdigen Vaters beyzutragen. Durch einen glücklichen Zufall (fuhr ich fort) befindet sich die Bildsäule, die wir nöthig haben werden, eben hier in diesem Hause, da sie sonst in einem Gartensahle meines Landguts zu Ägina zu stehen pflegt. Wie meinst du, wenn wir einen Versuch machten, was ihr unverhoffter Anblick — Aber beynahe hätte ich vergessen, daſs Ihr eine Zauberin mit ins Spiel gezogen habt, deren Erscheinung uns jetzt unentbehrlich ist, da der Kranke alle seine Hoffnung auf ihren Beystand baut. Auch diese ist gefunden. Es leben etliche junge Korinthierinnen unter meiner Aufsicht, von welchen Eine ganz das ist, was wir nöthig haben; ein schönes Mädchen, von prächtiger Gestalt, und reichlich mit jedem heroischen Reitz begabt, der sie zur Darstellung einer Medea oder Circe geschickt machen kann. Ich werde sie, weil Gefahr im Verzug ist, ungesäumt in der Rolle, die sie zu spielen hat, unterrichten, und sie in einem so blendenden Kostum vor unserm Nymfolepten erscheinen lassen, daſs wir unsre gute Absicht schwerlich verfehlen werden.

Praxagoras konnte nicht Worte genug finden, mir für meine edelmüthige Herablassung zu danken, und nachdem wir alles auf jeden Fall Nöthige verabredet hatten, wurde sofort Hand ans Werk gelegt. Einer der gröſsten Sähle des Hauses wurde zur Scene unsers Drama's eingerichtet, und eine Stunde der Nacht zur Aufführung angesetzt. Für den Vater und deine närrische Freundin wurde ein Platz abgesondert, wo sie, ohne selbst gesehen zu werden, alles wahrnehmen konnten. Die Stunde kam. Bleich und abgezehrt wankte der arme Chariton von seinem Arzt geführt heran; seine Gesichtsbildung schien mir ziemlich unbedeutend, aber nicht unedel, und durch die stille Schwermuth, die um seine lockichte Stirne hing, sogar ansprechend. Er schien beym Eintritt in den Sahl über die Scene, die ihm in einer künstlichen Beleuchtung entgegen schimmerte, mehr erstaunt als erschrocken zu seyn. Eufranion, in einem prächtigen Anzug, einen funkelnden Gürtel um den Busen, eine kleine Strahlenkrone auf dem Haupte, und von reichgeschmückten jungen Nymfen umringt, auf einem erhöhten Thron sitzend, war das erste was ihm in die Augen fiel. Er blieb plötzlich stehen, schaute bald mit fragenden Blicken auf die schöne Zauberin, bald mit suchenden im Sahl herum, wie im Zweifel ob er seinen Augen glauben dürfe, und als ob er sich nach etwas umsehe, das hier vorhanden seyn müsse. Tritt näher, Chariton, und sey ohne Furcht, sprach sie: ich habe dich in meinen Schutz genommen; der Räuber deiner Geliebten ist entwaffnet, ich gebe sie dir wieder. Siehe! — Mit diesem Worte that sich ein Vorhang auf, der die Bildsäule bisher verdeckt hatte, und vermittelst eines andern, der plötzlich und ohne Geräusch herabfiel, schwand die Zauberin mit ihren Nymfen aus seinen Augen. Soll ich dir gestehen, Aristipp, daſs die Bewegungen, wodurch sich die Gefühle des bestürzten Jünglings bey Erblickung dieses Bildes ausdrückten, meiner Eitelkeit wirklich ein schmeichelhaftes Schauspiel gaben? Er blieb eine Weile wie in den Boden gewurzelt stehen, sah sich schüchtern und lauschend um, als ob er beobachtet zu werden fürchte, trat dann näher hinzu, und stutzte wieder zurück. Ein langer tiefe

Seufzer schien ihm endlich Luft zu machen; zweifelhaft und nachsinnend betrachtete er das geliebte Bild, schien es auf einmahl zu erkennen, und stürzte freudetrunken mit ausgebreiteten Armen auf dasselbe hin. Bist du es wirklich? hab ich dich endlich wieder? rief er aus, und umklammerte die frostige Geliebte, als ob er mit ihr zusammenwachsen wollte. — „Aber warum bist du so stumm? so kalt? so unempfindlich? — Fühlst du denn meine glühenden Küsse nicht? — Ach! sie haben mich betrogen! Du bist noch Marmor! Deine schönen Augen sind ohne Licht, kein Herz schlägt in diesem lieblichen Busen! Sie haben mich betrogen die Grausamen — aber es wird ihnen nichts helfen! Ich fühl' es, auch im Marmor liebst du mich — diese todte Hand hat mich berührt — dein Arm windet sich eiskalt um meine erstarrende Hüfte — o Dank, ihr Götter! ich werde zu Marmor mit ihr!"

Es war hohe Zeit daſs Praxagoras sichtbar ward, um einem Rückfall in seine vorige Tollheit noch zuvorzukommen. Wir haben dich nicht betrogen, lieber Chariton, rief er ihm zu: noch eine kleine Geduld und du wirst glücklich seyn! — Der Jüngling stutzte, da er den Arzt, den er schon lange als seinen einzigen Freund anzusehen gewohnt war, mit offnen Armen auf ihn zueilen sah, und schien in einigen Augenblicken wieder zu sich selbst zu kommen. Sey gutes Muths, fuhr Praxagoras fort, indem er einen Arm um ihn schlang, und ihn unvermerkt von der Bildsäule entfernte; ein so schweres Werk, wie die Entzauberung deiner Geliebten ist, kann nicht in einem Augenblick zu Stande kommen; genug daſs die mächtige Alfesiböa, deine Beschützerin, mit Eifer daran arbeitet, und zur einzigen Bedingung des glücklichen Erfolges macht, daſs du dich noch eine kurze Zeit geduldest. — Durch diese und dergleichen Zureden lieſs sich der junge Mensch nach und nach besänftigen; und so brachte ihn der Arzt mit guter Art wieder auf sein eigenes Zimmer, wo die Nacht zwar ohne Schlaf, aber doch unter ziemlich ruhigem Fantasieren vorüberging.

Die Frage war nun, in einer abermahligen Rücksprache zwischen dem Arzt und der weisen Lais, wie die mächtige Zauberin Alfesiböa in den Stand gesetzt werden könne, Wort zu halten. Daſs die Bildsäule belebt werden müsse, wenn Chariton von seinem Wahnsinn gründlich geheilt werden sollte, schien beiden etwas ausgemachtes. Der Arzt gestand, daſs Anfangs grofse Fehler in der Behandlung des Kranken begangen worden. Damahls, meinte er, wäre durch ein paar geschickte Kunstgriffe leicht zu helfen gewesen. Aber nun, da es einmahl so weit mit ihm gekommen — Was nun zu thun? — Ein Dritter hätte eben dieselbe Antwort auf diese Frage in beiden Gesichtern lesen können. Es gab jetzt nur einen Weg die Statüe zu beleben, nur Eine Person die das Wunder verrichten konnte; ihr Nahme lag beiden auf der Zunge; aber er gehörte unter die unaussprechlichen Worte. Wer durfte der weisen Lais ansinnen, sich selbst zum Opfer der albernsten aller albernen Grillen des unartigen Bastards des Porus und der Penia darzustellen? Und wie war zu hoffen, dafs sie sich aus bloſser Menschlichkeit von freyen Stücken zu einer so zweydeutigen Heldenthat entschlieſsen würde? Beide sahen einander mit einverstandenen Blicken an und — schwiegen. Endlich lösete deine schnellbesonnene Freundin den Knoten mit einem raschen Hieb, — und wer sonst hätte es thun können, wenn sie es nicht that? Auf irgend eine Art muſs die Sache zu einem Ausgang gebracht werden, sagte sie. Sey du ruhig, Praxagoras; bereite deinen Kranken mit der guten Art, die dir eigen ist, zu einer glücklichen Begebenheit vor, und mich lafs für das Übrige sorgen.

Mein erster Gedanke, als der Arzt sich wegbegeben hatte, war — rathe, was? mein scharfsinniger Herr! — Du wirst rathen: eine meiner Nymfen, etwa die schöne Zauberin selbst (die mir wirklich an Gröfse und Gestalt ziemlich ähnlich ist) in einem nur vom Monde schwach beleuchteten Zimmer unterzuschieben? — In der That hast du meinen ersten Gedanken errathen; aber — δευτεραι φροντιδες — du weifst ja? — Oder könntest du dir im Ernst einbilden, deine Freundin Lais, bekannter Mafsen eine Art von Filosof und von allem was Vorurtheil und Leidenschaft heifst, freyer als Sokrates und Plato selbst, sollte, wenn auch das Wunderbare keinen Reitz für sie hätte, nicht wenigstens so viel Neugier haben, dem Spiele der Natur bey einer so aufserordentlichen und schwerlich jemahls wiederkommenden Gelegenheit in der Nähe zuzusehen? — Aber freylich! — Man mufs gestehen — du hast Recht, Aristipp! — Die schöne Alfesiböa würde sich vielleicht ohne grofsen Zwang gefallen lassen — Wir wollen sehen.

Die Entzauberung ist glücklich zu Stande gekommen, mein Freund. Die freundliche Göttin, die sich in alten Zeiten eines Cyprischen Bildners in einem ähnlichen Fall erbarmte, war so gefällig das Wunder zum zweyten Mahle zu verrichten. Erwarte keinen umständlichen Bericht. Genug, das Marmorbild erwarmte, athmete, lebte auf, bekam eine Seele unter den Küssen des Glücklichen; und die Besorgniſs, daſs er vor lauter Entzücken über ihre wiedergekehrte Seele, die seinige in ihren Armen ausathmen möchte, war das einzige, was der Göttin den Trost, ein so seltsames Abenteuer zu einem fröhlichen Ausgang gebracht zu haben, beynahe verkümmert hätte. Glücklicher Weise fiel der neue Pygmalion bey Zeiten in einen tiefen zehenstündigen Schlaf, und beym Erwachen fand ihn der Arzt (der schon ein paar Stunden, vor seinem Bette sitzend, an der Länge seines Schlummers, der frischen Farbe seiner Wangen und dem weichen ruhigen Schlag seines Pulses sich ergetzt hatte) wie in ein neues Leben geboren. Er schien wieder in vollem Besitz seines Verstandes, so viel er dessen je gehabt haben mochte, und erinnerte sich des Vergangenen nur überhaupt, wie eines schweren Traumes, dessen

Umstände so übel zusammenhingen, daſs er Mühe hatte sich das Ganze klar zu machen. Aber, sagte er, wenn auch das ein Traum war, was mir diese Nacht begegnete, so wünschte ich mir wohl, ewig wie Endymion zu schlafen, um ewig so zu träumen. — Zu gröſserer Sicherheit zapfte ihm Praxagoras noch etliche Unzen Blut ab, mit dem Vorbehalt, ihn nach und nach durch gute Nahrung und edeln Wein wieder so viel zu stärken, als ihm dienlich seyn möchte. Nicht wenig trugen vermuthlich zu Befestigung seiner Genesung auch die Grazien und Nymfen meines Hauses bey, welche (wie du bezeugen kannst) durch Schönheit, Talente, gefälliges Wesen und ungezwungene Sittsamkeit so ausgezeichnet sind, daſs keine Gesellschaft für sie zu gut und die ihrige für niemand zu schlecht ist. Der junge Aspendier gefiel sich so wohl unter ihnen, daſs er unvermerkt selbst immer liebenswürdiger ward.

Zwey Tage nach seiner Wiederherstellung gab uns seine erste Zusammenkunft mit mir ein Schauspiel; das eines Beobachters wie Du werth gewesen wäre. Ich hatte mich, um mit der Bildsäule des Skopas so wenig als möglich gemein zu haben, äuſserst matronenmäſsig angezogen; überdieſs schien ich merklich gröſser und stämniger und wenigstens zwanzig Jahre älter zu seyn, als das Ebenbild meines sechzehnten Jahres. Dem ungeachtet stutzte Chariton bey meinem Anblick, und eine mit Mühe zurückgehaltene Ausrufung blieb zwischen seinen Lippen stecken. Doch schien er seinen Augen nicht zu trauen, und mit dem Gefühl zu kämpfen, welches ihm sagte daſs er mich anders wo gesehen habe. Es war nicht mehr als billig, daſs ich ihm die Mühe, dieſs Gefühl durch Reflexion zu übertäuben, auf alle Weise erleichterte, und den Zauber meiner weltberühmten Reitze durch den Anstand und Ernst einer Dame, welche schon neun Olympiaden überlebt hat, so viel nöthig seyn möchte, zu entkräften suchte. Dieſs wirkte zusehends, und in kurzem sagte mir seine ehrerbietige Zurückhaltung, daſs er die Überraschung des ersten Anblicks bloſs einer zufälligen Ähnlichkeit beymesse. Die Richtigkeit dieser Vermuthung, und die Vollständigkeit der Genesung des jungen Aspendiers bestätigte sich, sobald sich dieser mit seinem Vertrauten wieder allein befand. Kannst du dir vorstellen, sagte er zum Arzt, daſs mir beym ersten Anblick der Frau dieses Hauses beynahe etwas Albernes begegnet wäre? — Ich bemerkte wohl, erwiederte Praxagoras, daſs du von einem Augenblick zum andern die Farbe verändertest. — Wirklich fuhr jener fort, sieht sie in einer gewissen Entfernung der Bildsäule meines fatalen Traumes so ähnlich, daſs ich beynahe die Besonnenheit darüber verloren hätte. — Dergleichen Ähnlichkeiten kommen häufig vor, versetzte der Arzt, und fallen immer zuerst in die Augen; aber bey genauerer Ansicht zeigt sich gemeiniglich eine so groſse Verschiedenheit, daſs man sich wundert, sie nicht sogleich wahrgenommen zu haben. — So ging mirs auch, sagte Chariton; es dauerte nicht lange, so kam ich mir selbst mit meiner Einbildung lächerlich vor; hoffentlich hat die schöne Lais nichts davon gemerkt. — Wenigstens ist zu glauben, versetzte Praxagoras, daſs sie sich deine Verwirrung bloſs aus dem Eindruck erklärt hat, den sie gewöhnlich auf jeden, den sie zum ersten Mahl anredet, zu machen pflegt. — In der That, sagte der Jüngling, hab' ich nie so viel Majestät mit so viel Anmuth gepaart gesehen. — „Ich auch nicht, Chariton, wiewohl meine Augen dreyſsig Jahre älter sind als die deinigen."

Mit Einem Wort, Aristipp, die Kur ist glücklich vollendet; und da man nicht weiſs, oder aus gebührender Bescheidenheit nicht wissen will, welcher Mittelsperson das Wunder zuzuschreiben ist, so tragen die Götter (denen wir Sterbliche so häufig durch Dank oder Undank gleich viel Unrecht thun) unverdienter Weise den Dank allein davon.

Meine Gäste haben sich ohne Mühe bereden lassen, so viele Tage bey mir zu verweilen, als Praxagoras zu Befestigung der Gesundheit seines Pfleglings für nöthig hielt. Der Alte, der ein mächtiger Kunstliebhaber ist, brachte seine meiste Zeit in der Werkstatt meines Freundes Eufranor zu, von dessen vielfachen Talenten er ganz bezaubert ist. Noch mehr ist es der Sohn von den Talenten der reitzenden Eufronion, die sich ihm in kurzem so unentbehrlich zu machen gewufst hat, dafs sie ihn mit Bewilligung des Vaters nach Aspendus begleiten wird. Sie ist zwar eine Waise und ohne Vermögen; aber sie stammt in gerader Linie von einem Schwestersohn des Tyrannen Kypselus 7) ab, und ich werde dafür sorgen, dafs sie nicht mit leeren Händen in das Haus des edeln Aspendiers einziehen soll.

Sie sind nun wieder abgereifst, und wenige Stunden, nachdem sie den Hafen von Kenchreä verlassen hatten, wurde mir im Nahmen des Alten zu seinem Andenken eine schwere, zierlich gearbeitete goldne Schale, und, zum Austheilen unter meine jungen

Freundinnen, verschiedene Stücke der schönsten Persischen und Fönizischen Zeuge zugestellt.

Meine Abreise naah Ägina ist auf einen der letzten Tage des Elafebolions festgesetzt. Aufser einem Theil meiner Hausgenossen werde ich niemand mit mir nehmen als meinen Günstling unter den hiesigen Künstlern, Eufranor, welchen ich mit dir in Bekanntschaft zu bringen ungeduldig bin. Ich bin gewifs du wirst ihn lieb gewinnen, und den Vorzug billig finden, den ich ihm vor seinen Mitbürgern gebe.

Unter den Vergnügungen, die ich in meiner kleinen Zauberinsel mit dir zu theilen hoffe, ist keine der geringsten, dafs wir Platons Symposion zusammen lesen werden. Ich gestehe, dafs die hohe Schönheit seines Geistes, und der Reichthum von Erfindungskraft und Witz, den er in diesem Drama von einer ganz neuen Art, mit der stolzen Freygebigkeit eines Krösus, der sich der Unerschöpflichkeit seiner Quellen bewufst ist, so üppig verschwendet hat, mich beym ersten Durchlesen dermafsen hinrifs, dafs ich es mehr verschlungen als gelesen habe. Wenn es ihm mit seiner Schwärmerey Ernst ist, (woran ich fast zweifle) so ist er der liebenswürdigste Schwärmer, den ich mir denken kann; und ich würde hinzusetzen, auch der gefährlichste, für mich wenigstens, wofern seine Fysionomie wirklich so schön und geistvoll ist, als sein Neffe Speusippus sie mir angepriesen hat.

10.

Aristipp an Lais.

Wenn ich dir etwas schmeichelhaftes deines jungen Aspendiers wegen sagen sollte, schöne Laiska, so würde mir die Krankheit, nicht die Kur, den Stoff dazu geben müssen. Die letztere wäre, aller Wahrscheinlichkeit nach, einer deiner Mägde eben so gut gelungen als der Zauberin Eufρrion, oder — die Grazien mögen mir verzeihen dafs ich sage — der Göttin selbst. Jene hingegen könnte unter den Wundern, die deine Schönheit bereits gethan hat, vielleicht das gröfste scheinen, wenn es wirklich ein gröfseres Wunder wäre, dafs dein Bild einen jungen Aspendischen Schwächling rasend machte, als dafs du selbst schon mehr als einen Kopf, mit dem es sonst ziemlich richtig stand, aus dem

Gleichgewicht gerückt hast. Der gute Chariton hatte, wie es scheint, von dieser Seite wenig zu verlieren; und da ein im Grunde doch nur sehr gemeines Hausmittel gegen ein schon ziemlich eingewurzeltes Übel so gut und schnell bey ihm anschlug, so ist nicht zu zweifeln, es würde, wenn man gleich Anfangs darauf verfallen wäre, dem alten Aspendier und seiner Familie viel Kummer, Plackerey und Ausgaben, dem jungen ein paar verlorne Jahre, und dir einen sehr entbehrlichen Zusatz zu deiner Celebrität erspart haben. — Aber was rede ich Undankbarer gegen die goldene Kette der menschlichen Thorheiten und Mifsgriffe, an welcher doch zuletzt alle unsere Schicksale, die glücklichen wie die unglücklichen, hangen? Hätte Tyche nicht in einer ihrer seltsamsten Launen die Kunstliebhaberey des alten Charidemus, den Zufall der eine Kopey der Skopassischen Venus in seine Hände spielte, die kränkelnde Reitzbarkeit seines verzärtelten schwachsinnigen Sohns, die geringe Besonnenheit der ganzen Familie, den Unverstand der ersten Ärzte, und die auf blofses Gerathewohl gewagte lange Reise von Aspendus nach Korinth, hätte, sage ich, die Göttin des Zufalls diefs alles nicht mit dem zarten Billigkeitssinn und dem filosofischen Vorwitz der schönen Lais so fein zusammengewebt, so würde — wahrlich so würde Aristipp das Vergnügen gehabt haben, seine Freundin einen ganzen Monat früher zu sehen! — Aber womit hat denn Aristipp verdient, auf so vieler wackerer Leute Unkosten ganz allein und unentgeldlich die süſse Frucht ihrer Thorheiten einzuerndten? — Antworte mir jemand auf diese Frage etwas Besseres als: so ist nun einmahl die Weise der groſsen Weltregentin! Glück und Verdienst, Ausgabe und Gewinn, Genuſs und Arbeit, scharf und gleich gegeneinander abzuwägen, ist ihres Thuns nicht; und gegen Einen, der die Früchte seines mühsahmen Fleiſses unverkümmert genieſst, ernten neune wo sie nicht gesäet haben.

Da ich einmahl im Zug bin über die Geschichte deiner Aspendier zu moralisieren, so erlaube mir noch eine Bemerkung, die ich zwar schon hundert Mahl bey andern Gelegenheiten gemacht habe, die aber hier nöthig ist, um der vorbelobten Göttin nicht mehr Ehre zu geben als ihr gebührt. Es braucht gewöhnlich zu einer ungeheuren Masse von Narrheit und Albernheit nur ein einziges Körnchen Menschenverstand, und etwa noch, wenn du willst, ein kleines Tröpfchen Gutherzigkeit, um, wenn alles zusammengegohren hat, am Ende ein leidliches, ja wohl gar gutes Resultat herauszukriegen; dafür würde aber auch ohne diese wenigen Zuthaten ganz und gar nichts taugliches herausgekommen seyn. So ist, z. B. an dieser ganzen Aspendischen Geschichte nichts verständiges als der Einfall des Arztes Praxagoras, die Ursache des Wahnsinns des jungen Menschen zum Mittel seiner Genesung zu machen. Ohne diesen gescheidten Einfall würde wahrscheinlich zuletzt die ganze wohlvornehme Sippschaft des ehrsamen Charidemus um ihr Bifschen Verstand gekommen seyn. Aber gleichwohl, was hätte der gute Gedanke frommen können, wenn die schöne Lais sich nicht in einem raschen Anfall von Gutherzigkeit entschlossen hätte, dem Übel abzuhelfen, bevor sie noch das Mittel dazu in Überlegung genommen hatte?

Dem sey indessen wie ihm wolle, vergifs mir ja nicht, liebe Laiska, die prächtige Trinkschale des Aspendiers mit nach Ägina zu nehmen. Ich mufs daraus auf die Gesundheit aller gescheidten Leute trinken, die durch schöne Weiber zu Narren, und aller Narren die durch kluge Weiber gescheidt werden. Wie grofs wohl die Anzahl der letztern gegen die erstern seyn mag? — Das soll uns den Stoff zu einem Tischgespräch geben, woraus sich zur Noth ein Gegenstück zu Platons Symposion drechseln liefse.

Ernsthaft gesprochen, muſs ich gestehen, daſs dieser neue Zwitter von Filosofie und Poesie, von seiner glänzenden Seite betrachtet, die Lobsprüche verdient, die du ihm in der Entzückung des ersten Genusses ertheilt hast. Neuheit der Erfindung, Reichthum des Stoffs, Schönheit der Form, angenehm abwechselnde Mannigfaltigkeit der Unterhaltung, sinnreiche Allegorien, zum Theil (wie die vom Ursprung des Eros aus der verstohlnen Umarmung des Porus und der Penia) in Milesische Mährchen eingekleidet, feiner Atticism des scherzenden und edle Würde des ernsten Tons; zu allem diesem (mit wenigen Ausnahmen) eine groſse Zierlichkeit der Sprache, und ein Rhythmus, den ich, in allem was nicht gesungen werden soll, dem Metrischen in mancherley Rücksicht vorziehe, — dieſs alles ist bisher wohl in keinem Werke dieser Art in einem so hohen Grade vereinigt gesehen worden, und Protagoras, Gorgias, ja Prodikus selbst, haben hier ihren Meister gefunden. Ob ich gleich nie glauben werde, daſs Plato (wie er von einigen beschuldigt wird) des lächerlichen Übermuths fähig sey, durch seine Dialogen den alten Homer verdrängen zu wollen: so sehe ich doch, daſs er, vom Geist einer edeln Ruhmbegier angeweht, der Welt in diesem Symposion zeigen wollte, daſs er die Geheimnisse der Komposizion und Darstellung nicht weniger in seiner Gewalt habe, als die Kunstgriffe der Rhetorik und Dialektik; daſs seine Fantasie fruchtbar genug sey, ihn mit einer Menge neuer Erfindungen, Bilder und Gedanken aller Art zu versehen; mit Einem Worte, daſs es nur auf seinen Willen ankomme, ein eben so groſser Redner und Dichter als scharfsinniger Sofist und subtiler Begriffespalter zu seyn. Auch kann ich nicht umhin, dich auf einen Umstand aufmerksam zu machen, der in meinen Augen einer der gröſsten Vorzüge dieses Dialogs ist, nehmlich daſs Sokrates in keinem andern sich selbst so ähnlich sieht; wiewohl ich damit nicht gesagt haben will, daſs er nicht noch immer zu viel platonisiert, um für den ächten unverfälschten Sohn des Sofroniskus, wie wir ihn beide gekannt haben, gelten zu können. Alles indessen, was an diesem Werke zu loben ist, zusammen gerechnet, hat unsre Litteratur, meines Bedünkens, dadurch wieder einen groſsen Schritt vorwärts gemacht, und wenn sie so fortführe, würde man dereinst auch von unsern prosaischen Schriftstellern, wie von unsern Dichtern, Bildnern und Architekten, sagen können, daſs sie andern Völkern und künftigen Zeiten, wenigstens was die Form betrifft, nichts als das Bestreben ihre Werke, als die höchsten Modelle des Schönen in der Kunst, zu studieren und nachzuahmen übrig gelassen hätten. Ob aber auch die Filosofie, in so fern sie die Wissenschaft alles dessen ist, was der Mensch wissen soll und wissen kann, so viel dadurch gewonnen habe als seine Verehrer behaupten, und überhaupt wie das ganze Werk, wenn es Stück vor Stück einer strengen Prüfung unterworfen würde, vor dem ernsten unbestechlichen Richtstuhl der Wahrheit und Sittlichkeit bestehen würde, diefs, liebe Laiska, ist eine andere Frage, deren Erörterung uns in eine so langweilige Analyse verwickeln würde, dafs ich die Entscheidung lieber bey einer zweyten ruhigern Lesung deinem eigenen Gefühl überlasse. — Doch du willst ja, dafs wir das Symposion unter den Augen deiner Grazien zu Ägina mit einander lesen? Auch das, meine Freundin! wenn uns diese freundlichen Göttinnen ja so abhold seyn könnten, uns keine angenehmere Beschäftigung zu geben.

Lege mir es übrigens nicht zur Eifersucht aus, wenn ich dir sage, deine Fantasie schwärme, flattre und kreise so viel um diesen Plato herum, dafs ich nicht dafür gut stehen möchte, dafs er dir nicht, wie du jetzt scherzweise sagst, zuletzt noch in ganzem Ernste gefährlich werden könnte. Wirklich weiſs ich dir zu Verhütung dieses Unglücks keinen bessern Rath, als wieder einmahl nach Athen herüber zu kommen, und dich mit deinen eigenen Augen von der Schönheit seiner Fysionomie und der Liebenswürdigkeit seiner Schwärmerey zu überzeugen. Ich glaube selbst, wofern er sichs in den Kopf setzte, so artig und liebenswürdig gegen dich zu seyn als er könnte, eine Frau wie du würde an ihrer ganzen Stärke nicht zu viel haben, um sich seiner zu erwehren. Aber wenn die Gefahr aufs höchste gestiegen wäre, brauchtest du auch nichts weiter als eine seiner Vorlesungen über seinen Parmenides, Protagoras, oder Kratylus zu hören, um — sogar den Cynischen Diogenes liebenswürdig zu finden, wiewohl seine Haare, seitdem er sie mit seinen Fingern kämmt, nicht in der besten Ordnung sind.

Der schöne Kleofron empfiehlt sich deinem Andenken. Er hat sich seit einiger Zeit so eifrig auf die Speusippische Filosofie gelegt, daſs in wenigen Monaten eine kleine Luftveränderung in Ägina, wofern du die Güte hättest, ihn einzuladen, ihm ungemein zuträglich seyn dürfte.

11.

Aristipp an Kleonidas.

Es wäre schwer, bester Kleonidas, dir zu beschreiben, wie mir zu Muthe ward, als ich mich am dritten des letztverwichenen Munychions wieder in dem reitzenden Landsitz unsrer Freundin befand, den ich seit dem Anfang des zweyten Jahres der fünf und neunzigsten Olympiade nicht wieder gesehen hatte. Die neun Jahre, um die ich indessen älter geworden bin, haben ihm nicht nur allen Reitz der Neuheit wiedergegeben, sondern die Wirkung seines eigenen Zaubers noch durch tausend verwandte Erinnerungen verstärkt. Als ich an ihrer Hand zum ersten Mahl wieder in den Garten trat, tauchten plötzlich die Bilder der schönsten Gegenden und Lustörter, die ich binnen dieser Zeit gesehen hatte, in meinem Gedächtniſs auf, und gewährten mir, indem sie sich an die vor mir liegenden Scenen anschlossen, einen unbeschreiblichen Augenblick. Aber fast eben so plötzlich wurden sie wieder, wie morgenröthliche Duftgestalten von der aufgehenden

Sonne, von dem lebendigern Gefühl des Gegenwärtigen verschlungen. Weder Panionions liebliche Gefilde, noch die zauberischen Hügel und Thäler von Lesbos, noch das Elysische Tempe hatte ich an Ihrem Arm gesehen; in keinem von jenen zweymahl die schönste der Horen mit Ihr gefeiert, in keinem den Bund ewiger Freundschaft am Altar der Grazien mit Ihr beschworen. Welchen magischen Glanz gossen alle auf Einmahl erwachende Bilder der Vergangenheit über alles aus was ich sah, über jede Stelle, die ich betrat! über jede schattende Baumgruppe, unter welcher wir saſsen, jede unter Blumengewinden hin schleichende Quelle, an deren Rande wir lustwandelten, jede dunkle Myrtenlaube, jede stille Grotte, die unsre glücklichsten Augenblicke unter den Zauberschleier des Geheimnisses bargen! — Könntest du dich wundern, daſs dieſs alles mein Gemüth in eine Stimmung setzte, die den Wunsch, mit welchem ich nach Ägina gekommen war, zu Hoffnung erhöhte, und, da Lais selbst durch eine gewisse, mir an ihr ungewohnte Innigkeit ihres ganzen Betragens gegen mich, ähnliche Gefühle zu verrathen schien, mich einige Tage lang glauben lieſs, es könnte mir vielleicht gelingen, ihr meinen Plan für ihr künftiges Leben unvermerkt als ihr eigenes Werk in die Seele zu spielen? — Aristipp kann also auch schwärmen, wirst du denken? — Ich gesteh' es, und lasse mir's nicht leid seyn; im Gegentheil, da ich die Gabe habe, daſs eine getäuschte Hoffnung für mich nichts weiter ist als das Erwachen aus einem schönen Traum, so danke ich der Natur auch für jeden Genuſs, den sie mir in Träumen schenkt. Aber wozu hier diese voreiligen Betrachtungen, da alles noch so lächelnde Anscheinungen hat?

Unsre Freundin hat sich in den drey Jahren, die seit unsrer Zusammenkunft zu Rhodus verflossen sind, so wenig verändert, daſs ihre Schönheit vielmehr noch immer im Zunehmen zu seyn, und sogar von dem frischen Glanz der ersten Jugend nichts verloren zu haben scheint. Doch auch dieſs ist vielleicht nur ein täuschender Schluſs von Gleichheit der Wirkung auf Gleichheit der Ursache; denn es ist nicht unmöglich, daſs die gröſsere Sicherheit immer zu gefallen, und die gröſsere Vollkommenheit in der Kunst zu gefallen, das Wenige, was Sie durch die Zeit verloren haben könnte, doppelt und dreyfach ersetzt. Dem sey wie ihm wolle, gewiſs ist daſs ich sie noch nie so äuſserst liebenswürdig, nie in einer so sanften, beynahe möcht' ich sagen zärtlichen Stimmung gesehen habe, als in den ersten Tagen unsrer Wiedervereigung. Sie schien sich nur in dem einfachsten ländlichsten Anzug zu gefallen. Das Marmorbecken vor ihrem Schlafgemach, worein ein schelmisch lächelnder Amor das Wasser aus seiner umgekehrten Fackel gießt, vertrat diese ganze Zeit über die Dienste der krystallenen Näpfchen und Alabasterbüchsen, womit ihr Putztisch beladen zu seyn pflegt. Ein leichter weißes Gewand, eine Rose in den kunstlos sich ringelnden Locken, ein Veilchenstrauß am Busen, waren ihr ganzer Putz. Kurz, sie spielte eine Art Arkadischer Schäferin aus der goldnen Zeit, mit so viel Natur und Anmuth, als ob sie nie etwas anders gewesen wäre. Sie schien in diesen glücklichen Tagen beynahe für mich allein da zu seyn; und ich? — du kennst meine Weise — alles Gute (und wahrlich auch das Angenehme ist gut) dankbar anzunehmen und zu genießen, ohne zu fragen, oder mir Kummer darüber zu machen, wie lang' es dauern werde. Aber wenn ich sage, daß in einer einzigen Dekade wie diese mehr Lebensgenuß ist, als in neunzig Jahren, wie man gewöhnlich zu leben pflegt, so glaube ich keinen übermäßigen Werth auf sie gelegt zu haben.

Eufranor, der auf dem Fuß einer vertrauten Freundschaft mit ihr steht, und dieses Vorzugs in mehr als einer Rücksicht würdig scheint, hat eine Arbeit mit gebracht, womit er so eifrig beschäftigt ist, daſs man ihn, auſser bey Tische, nur in seiner Werkstatt zu sehen bekommen kann. Vielleicht ist dieſs zwischen Lais und ihm so verabredet worden: doch halte ich ihn für edel und bescheiden genug, aus eigner Bewegung die Rechte einer ältern Freundschaft ohne Scheelsucht anzuerkennen. Überdieſs scheint mir ein geheimes Verständniſs zwischen ihm und einer von den Zöglingen unsrer Freundin vorzuwalten, wodurch ihm (wofern ich recht beobachtet hätte) die Tugend der Selbstüberwindung freylich so sehr erleichtert würde, daſs sie beynahe aufhörte verdienstlich zu seyn.

Eufranor ist ein eben so gelehrter als geschickter Künstler; Bildner und Mahler zugleich, beiden Künsten mit gleicher Liebe zugethan, und in beiden gleich stark; was vielleicht Ursache seyn könnte, daſs er in keiner die hohe Stufe der Vortrefflichkeit und des Ruhms erreichen wird, die ihm nicht fehlen könnte, wenn er sich einer von beiden allein widmete. Sein Kunstsinn will sich aber um so weniger auf ein einzelnes Fach einschränken lassen, da es ihm in allen gelingt, und die Abwechselung (wie es scheint) grofsen Reitz für ihn hat. Was er dermahlen für Lais arbeitet, ist ein goldner Becher, dessen Deckel, ein einziger herrlicher Sardonyx aus der Persischen Beute, mit halberhobenen Figuren von grofser Schönheit von ihm geziert wird. Seit kurzem hat er angefangen, sich vorzüglich mit der Wachsmahlerey zu beschäftigen, die er der lebhaftern Wirkung und gröfsern Dauerhaftigkeit wegen, der gewöhnlichen mit dem Pinsel vorzieht, und zu einem bisher noch nie gesehenen Grade von Vollkommenheit zu bringen hofft. Man tadelt an seinen Werken, dafs er die Köpfe, vornehmlich an seinen heroischen Figuren, zu grofs mache, [8]) worüber man sich, wenn der Tadel gegründet wäre, um so mehr verwundern müfste, da er ein Buch über die Symmetrie geschrieben hat, und sich mit dem Fleifs, womit er diesen Theil der Kunst studiert habe, nicht wenig weifs. „Dafs man, sagt er, meine Köpfe zu grofs findet, hat eine sehr natürliche Ursache: es kommt nicht daher, dafs meine Köpfe zu grofs, sondern dafs der andern ihre zu klein sind. Übermafs taugt in allen Dingen nichts: aber was an jedem Dinge zu viel und zu wenig ist, läfst sich nicht durch eine einzige allgemeine Formel bestimmen. Schwerlich wird man mir beweisen können, dafs ich in der Proporzion meiner Köpfe über die schöne Natur hinausgehe; von dem gemeinangenommenen Mafs hingegen entferne ich mich geflissentlich, weil der Kopf unstreitig derjenige Theil ist, worin der Geist und Karakter an Menschen und Thieren sich am stärksten und deutlichsten ausspricht; wiewohl ich nie vergesse, dafs alle, auch die kleinsten Gliedmafsen des menschlichen Körpers mehr oder weniger karakteristisch sind. Nur dann, wenn die Köpfe meiner Heroen durch das proporzionelle gröfsere Verhältnifs, das ich ihnen gebe, nicht auch an Bedeutsamkeit und Energie gewinnen, verdiene ich Tadel; und diefs ist noch auszumachen." Ob Eufranor Recht hat, überlasse ich deinem Urtheil. Mir sind die Köpfe in den wenigen Werken, die ich von ihm gesehen habe, nicht gröfser vorgekommen als sie seyn sollen. Aber das geübte und gelehrte Auge des Kenners mifst freylich schärfer, als der Blick eines blofsen Liebhabers.

Der junge Antipater, dem ich zur Belohnung seines Fleifses und guten Betragens das Glück ein paar Monate bey der schönsten Frau unsrer Zeit zu leben nicht versagen wollte, hat bereits, ohne es zu wissen oder wissen zu wollen, so viele Eroberungen gemacht, als weibliche Wesen in diesem Hause sind. Lais selbst begegnet ihm mit ausgezeichneter Achtung, und läſst ihm seit einigen Tagen sogar ziemlich deutlich merken, daſs ihr die Art des Eindrucks, den sie auf ihn mache, nicht gleichgültig sey. Ich habe ihn auf nichts vorbereitet. Er soll alles mit eigenen Augen sehen, und sich in allem nach seinem eigenen Gefühl und Urtheil benehmen; und er sieht wirklich schärfer und beträgt sich männlicher, als man von einem Jüngling seines Alters erwarten sollte. Ich verberge ihm so viel möglich, daſs ich ihn beobachte, und erforsche nichts von ihm was er mir nicht von freyen Stücken sagt. Bis jetzt habe ich noch keine merkliche Veränderung an ihm wahrnehmen können. Er spricht von dieser Frau, die noch alles, was in ihren Gesichtskreis gerieth, bezaubert hat, mit der ruhigen Bewunderung, womit er von einer schönen Bildsäule reden könnte, und scheint auch nicht mehr als für eine Bildsäule für sie zu fühlen. Er begegnet ihr mit einer Ehrerbietung, womit eine Göttin zufrieden seyn könnte; läſst sich aber dadurch nicht abhalten, bey allen Gelegenheiten herzhaft andrer Meinung zu seyn als sie, und scheint weder die mindeste Ahnung zu haben, daſs er ihr durch seine kaltblütige Unbefangenheit miſsfallen könnte, noch sich Kummer darüber zu machen, wofern dieſs wirklich der Fall wäre.

Die Gewalt, welche die stärkste ihrer Leidenschaften, der Stolz, ihr über alle übrigen giebt, macht es schwer zu sagen, was sie bey einem ihr so ganz neuen Betragen wirklich fühlt; gewiſs ist, daſs man an dem ihrigen gegen ihn nicht das geringste Zeichen, daſs sie sich dadurch beleidigt finde, bemerken kann. Je mehr sie sich ihm nähert, je vorsichtiger zieht er sich zurück, und je mehr er sich zurückzieht, desto eifriger verdoppelt sie ihre Bemühungen ihn anzuziehen. Keines von beiden scheint auf das Spiel des andern Acht zu geben, sondern bloſs das seinige zu spielen, und es wäre seltsam genug, wenn eine so geübte Meisterin, mit so groſsen Vortheilen in der Hand, zuletzt doch das Spiel an einen so unerfahrnen Gegner verlieren sollte. Dein junger Landsmann, sagte sie einsmahls zu mir, ist in der That was du mich erwarten lieſsest; ich habe noch keinen Jüngling von zwanzig Jahren, mit einem Apollonskopf auf Schultern eines Meleagers, zngleich so trotzig und so schüchtern gesehen wie ihn. Er ist eine wahre

Seltenheit. Nicht dafs er mir darum weniger gefiele, fuhr sie lächelnd fort: aber meine närrische Fantasie hatte sich voreiliger Weise auf etwas ganz anders eingerichtet — als ob alle junge Cyrener so dreist und zuversichtlich seyn müfsten, wie mein Freund Aristipp in diesem Alter war! — Du wirst ihn schon ein wenig aufmuntern müssen, sagte ich. — „Meinst du? Sey unbesorgt, Aristipp! Es wird sich wohl geben. Ist doch Omfale mit dem Löwen- und Drachenbezwinger Herkules fertig geworden.“ — Aber diefsmahl hatte sie sich in ihrer Rechnung geirrt; es gab sich nicht. Antipater blieb kalt und zurückhaltend, und schien es, zu meiner Verwunderung, immer mehr zu werden. Die arme Lais, der doch wahrlich nicht zuzumuthen war, sich so leicht überwunden zu geben, sah sich, da es ihr weder im Kostum einer Arkadischen Hirtin noch in ihrem gewöhnlichen gelingen wollte, zuletzt genöthigt, ihre reichsten Kleiderschränke und Juwelenkästchen aufzuschliefsen, das ganze Belagerungszeug des Putztisches in Bewegung zu setzen, und die schlauesten Dienste ihrer aufwartsamen Grazien zu Verstärkung ihrer angebornen Reitze zu Hülfe zu rufen. Sie erschien nun alle Tage in einer neuen Gestalt, bald im Glanz einer morgenländischen Fürstin, bald in der künstlich nachlässigen üppigen Zierlichkeit einer gefälligen Milesierin; sie dramatisierte sich selbst in alle mögliche mythische Personen, und entwickelte in prächtigen Tanzspielen ihre feinsten Verführungskünste als Selene und Aurora, Galatea und Ariadne, Leda und Io, kurz, zeigte sich unter allen Formen in allen Farben, in allen Arten von Licht und Helldunkel. — Und wofür das alles? Um den gedemüthigten Stolz ihrer sieggewohnten Schönheit an einem rohen jungen Halbwilden zu rächen, der wofern er ihr, wie alle andere Sterbliche, gleich beym ersten Anblick gebührend gehuldiget, d. i. den Verstand ein wenig verloren hätte, ihre Aufmerksamkeit schwerlich drey Tage lang fest gehalten haben möchte. Denn dafs ich glauben sollte, sie habe mit allen diesen Vorkehrungen etwas andres beabsichtiget, als den Widerspenstigen erst zu überwältigen, und ihn dann, zur Strafe dafs er ihr den Sieg so schwer gemacht, das ganze Gewicht ihrer Gleichgültigkeit fühlen zu lassen, dazu kenne ich sie zu gut.

Damit es aber nicht das Ansehen habe, als ob das alles einem so unbedeutenden Menschen als Antipater, geschweige denn ihm allein gelte, hatte sie mehrere Tage vorher zu Argos, Trözene, Korinth, Megara und

Athen, unter der Hand bekannt werden lassen, dafs es ihr angenehm seyn würde, während ihres Aufenthalts auf dem Lande so viele gute Gesellschaft zu sehen, als die Schönheit der Jahreszeit und die Vergnügungen, womit sie sich und ihre Freunde zu unterhalten gedenke, nur immer nach Ägina zu locken vermöchten. Du kannst dir leicht einbilden, mit welchem Wetteifer eine solche Einladung angenommen wurde, und welche Schwärme von müfsigen Fäaziern und Penelopensfreyern, deren Ansprüche oder Wünsche sie aufzumuntern schien, herbeygeflogen kamen, in der Hoffnung die gefällige Laune der bisher so stolzen Schönen vielleicht diefsmahl zu ihrem Vortheil benutzen zu können. Antipater indessen schien an allen den Lustbarkeiten, die jetzt so rasch auf einander folgten, nur wenig Theil zu nehmen, und anstatt in einem so lebhaft unterhaltenen Feuer endlich zu schmelzen, vielmehr mit jedem Tage spröder und unempfindlicher zu werden. Ich gestehe, dafs mir eine so hartnäckige Kälte oder Zurückhaltung an einem so kräftigen und ungeschwächten Jüngling zu wenig natürlich schien, um nicht verdächtig zu seyn. Aber wohin ich auch meine Vermuthungen richtete, nirgends zeigte sich eine Spur, die mich auf den Grund seines unerklärbaren Benehmens hätte leiten können. Er selbst zeigte sich bey allem was vorging so ruhig, und schien eine ihm so natürliche Rolle zu spielen, daſs ich mich endlich gezwungen sah, entweder das seltsame Problem unaufgelöst zu lassen, oder anzunehmen, der junge Mensch besitze bereits so viel Stärke des Karakters, daſs er sein Verhalten gegen Lais bloſs nach reinsittlichen Grundsätzen bestimme, und die Würde unsers Geschlechts gegen die übermüthigen Anmaſsungen einer von der Natur und dem Glücke allzu sehr verzärtelten Hetäre behaupten wolle, die ihr höchstes Vergnügen daran findet, so viel Sklaven als nur immer möglich vor ihren Triumfwagen zu spannen, und Begierden und Leidenschaften zu erregen, welche sie weder zu befriedigen gesonnen noch zu erwiedern fähig ist. Wahrscheinlich war eine solche Voraussetzung nicht; aber wenn ich irgend einem jungen Manne Stolz und Kaltblütigkeit genug, um so zu denken, und Stärke genug, um ein dieser Denkart angemessenes Betragen sogar gegen eine Lais auszuhalten, zutrauen durfte, so war es Antipater.

Indessen hat sichs am Ende doch gezeigt, daſs man in dergleichen Fällen am sichersten geht, wenn man zu ihrer Erklärung die natürlichste Ursache annimmt. Antipater hatte sie mir bisher verschwiegen, aus unnöthiger Furcht, die schöne Lais möchte Mittel finden mir sein Geheimnifs abzulocken. Da ich ihm aber vor etlichen Tagen seines Heldenmuths wegen eine kleine Lobrede hielt, konnte der wackere Jüngling den Gedanken nicht ertragen, mich durch sein Schweigen um eine Achtung, die er nicht verdiene, zu betrügen; und so that er mir ein Geständnifs, wodurch mir nun freylich alles sehr begreiflich ward, und wovon ich nichts weiter sage, da er dir das Nähere selbst geschrieben zu haben versichert.

Lais belustigt sich inzwischen damit, sich durch eine ziemlich kostbare Selbsttäuschung nach Sardes in die Zeiten ihrer höchsten Glorie zu versetzen. Von drey oder vier Kreisen hoffender und betrogener Anbeter umgeben, lebt sie wie eine unumschränkt regierende Königin unter ihren Höflingen, verschwendet das Persische Gold wie eine ächte Griechin, und findet sich reichlich entschädiget, wenn sie sich in ihren Ruhestunden mit mir und Eufranor über die Unterhaltung lustig macht, die ihr so viele verzauberte Gecken, Thoren und Narren von allen Altern, Ständen, Karaktern und Figuren auf ihre eigene Kosten verschaffen; während diese vielleicht über die Thörin lachen, die das eitle undankbare Vergnügen, ihre Liebhaber mit weit offnen Schnäbeln in die leere Luft schnappen zu sehen, theurer erkauft, als eine andere an ihrer Stelle sich dafür bezahlen lassen würde jedermann zufrieden nach Hause zu schikken. Übrigens muſs ich ihr nachrühmen, daſs sie in der Kunst kleine Gunsterweisungen zu vervielfältigen und weit über ihren wahren Werth auszubringen, eine unübertreffliche Meisterin ist. Wäre sie so gewinnsüchtig und raubgierig, als sie im Gegentheil freygebig und verschwenderisch ist, wahrlich mit diesem einzigen Talente könnte sie die reichste Person auf dem ganzen Erdboden seyn. Über den ungefügigen Antipater hat sie endlich ihre Partie wie eine weise Frau genommen. Sie bemerkt jetzt sein Daseyn nur selten; wenn es geschieht, beträgt sie sich eben so unbefangen und verbindlich gegen ihn wie gegen jeden andern, scheint sich aber, so oft sie ihm etwa ein paar Worte sagt, nicht zu erinnern, ihn jemahls zuvor schon gekannt zu haben.

Nach allem, was du bisher gelesen hast, lieber Kleonidas, ist es wohl überflüssig, dir zu sagen was aus meinem Anschlag auf die schöne Lais geworden ist. Ich komme mir jetzt selbst mit meiner leichtgläubigen Treuherzigkeit gewaltig lächerlich vor, und gelobe der weitherrschenden Afrodite Pandemos und allen ihren Grazien, mich in meinem Leben nie wieder so schwer an ihnen zu versündigen, um aus einer Lais, und wenn sie noch liebenswürdiger wäre als diese, eine — gute ehrliche Hausfrau machen zu wollen. Alles ist nun wieder zwischen uns wie es seyn soll, und wie es auf ihrer Seite immer war. Aber, wiewohl ich die Hoffnung, sie jemahls nach meiner Idee glücklich zu sehen, auf ewig aufgebe, so erneuere ich doch zugleich den Schwur, so lange ich athmen werde ihr Freund zu bleiben. Da ihr mit dem Mehr, was ich für sie zu thun fähig gewesen wäre, nicht gedient ist, so ist diefs das Wenigste was ich ihr schuldig bin.

Um dir eine Probe zu geben, wie wir uns in den zwey ersten Dekaden, so lange unsre Gesellschaft noch klein und auserlesen war, zu unterhalten pflegten, schicke ich dir die Abschrift eines grofsen Briefes an unsern Freund Eurybates, der in diesem Jahr einer von den sechs Thesmotheten von Athen ist, und, dieser Würde wegen, des Vergnügens den schönsten Theil des Jahres in Ägina zuzubringen entbehren musste. Dieser lege ich noch die Abschrift einer grossen Epistel bey, die ich von Lais, kurz vor unsrer Zusammenkunft in Ägina, erhielt. Sie enthält die sonderbare Geschichte einer von ihr an einem jungen Aspendier verrichteten Wunderkur; eines von den Abenteuern, die nur ihr begegnen, und woraus sich keine andere so wie sie zu ziehen wüsste.

In drey Tagen kehre ich nach Athen zurück, mit einer Art von dunkelm Vorgefühl, dass ich — zum letzten Mahl in Ägina gewesen bin.

12.

Aristipp an Eurybates.

Du verlangst, edler Eurybates, einen ausführlichen Bericht über ein symposisches Gespräch, welches vor einigen Tagen bey der schönen Lais vorfiel, und wovon dir, wie du sagst, dein Verwandter Neokles, der dabey gegenwärtig war, gerade nur so viel habe sagen können, daſs er dich nach einer vollständigen Erzählung lüstern gemacht. Da du selbst einer von den unsrigen gewesen wärest, wenn die Pflichten der Würde, die du in diesem Jahre bekleidest, dich nicht an Athen gefesselt hätten, so ist es nicht mehr als billig, deinen Wünschen entgegen zu kommen, und ich freue mich, daſs mir mein Gedächtniſs treu genug ist, dir, was du ohne deine Schuld versäumtest, mit sehr wenigem Verlust ersetzen zu können.

Erwarte aber (was dir Neokles auch gesagt haben mag) nichts, was mit Platons berühmtem Symposion auch nur von fern in einige Vergleichung kommen, geschweige für ein Gegenstück zu diesem weitglänzenden Prachtwerke gelten könnte. Platons Symposion ist eine Art von Poem, wozu alle Musen beygetragen haben, und worin der Verfasser die ganze Fülle seiner Fantasie, seines Witzes und Attischen Salzes, seiner Wohlredenheit und Darstellungskunst, wie aus Amaltheens unerschöpflichem Zauberhorn, auf seine Leser herabschüttet; ein bey nächtlicher Lampe mit gröſstem Fleiſs ausgemeiſseltes, poliertes und vollendetes Werk, womit er uns zeigen wollte, daſs es nur auf ihn ankomme, ob er unter den Rednern oder Dichtern

Sofisten oder Sehern seiner Zeit der Erste seyn wolle. Was ich hingegen dir mitzutheilen habe, ist ein zufälliges Tischgespräch unter einer kleinen Anzahl anspruchloser Freunde, denen es blofs um eine angenehme Unterhaltung, und (was in Rücksicht einer Vergleichung mit Platons Gastmahl noch schlimmer ist) nicht um Witzspiele, ironische Parodien, Milesische Mährchen, und Offenbarungen aus der Geister- und Götterwelt, sondern lediglich um schlichte nackte Wahrheit zu thun war. Du siehst also leicht, wie unermefslich weit ich hinter dem begeisterten Dichter des Agathonischen Siegesmahls zurückbleiben müfste, wenn ich der verwegenen Anmafsung fähig wäre, mich mit ihm in einen Wettstreit einzulassen. Ich werde, im eigentlichsten Sinn, ein blofser Erzähler dessen seyn, was an der Tafel unsrer Freundin, während eines ziemlich frugalen Mahls und bey sehr kleinen, aber freylich desto öfter geleerten Bechern, gesprochen wurde. Nimm also vorlieb mit dem was ich zu geben habe, und ersetze dir selbst, indem du dich in Gedanken an den Platz deines Neokles nahe an die schöne Wirthin legst, das Einzige was meiner Erzählung fehlt, um sie so anmuthig zu machen, als das Gespräch selbst, dieses kleinen Umstandes wegen, dem jungen Neokles vorkommen mufste.

Es traf sich damahls eben glücklicher Weise, dafs die Gesellschaft viel kleiner war, als sie gewöhnlich bey unsrer gastfreyen Freundin zu seyn pflegt. Aufser ihr selbst und mir war niemand zugegen als Eufranor, (den du kennst) dein Neokles, mein Landsmann Antipater, und der Arzt Praxagoras, der auf seiner Rückreise von Aspendus sich eine Pflicht daraus machte, zu Ägina anzulanden, und der schönen Lais von dem guten Fortgang ihrer an dem jungen Chariton verrichteten berühmten Wunderkur Nachricht zu ertheilen. Lais hatte, um uns Stoff zu einem kurzweiligen Tischgespräch zu verschaffen, Platons Gastmahl von einem trefflichen Anagnogsten, den sie in Diensten hat, vorlesen lassen. Sie hätte bey keiner andern Leserey ihre Absicht weniger verfehlen können. Neokles und Eufranor eiferten ordentlich in die Wette mit ihr, wer es dem andern in Lobpreisung der Schönheiten dieses Meisterstücks zuvorthun könnte; und es wurden eine Menge feiner Sachen gesagt, die ich dir nicht vorenthalten würde, wenn sie nicht, durch den Verlust des lebendigen Vortrags im Moment, auch zugleich ihre Grazie, und mit dieser ihren gröfsten Werth verlieren würden. Unter andern wollte Lais, dafs jedes von uns auf einem kleinen Täfelchen bemerken sollte, welches von den Stükken, woraus das Ganze, gleich einer grofsen Tapezerey, zusammengesetzt ist, ihm in Rücksicht auf die Kunst der Ausarbeitung am besten gefalle. Eufranor erklärte sich für die Rede des Aristofanes, in welcher er alle Züge, die den eigenen Karakter der Muse dieses komischen Dichters ausmachen, mit der feinsten Schalkheit einer allenthalben durchschimmernden Ironie, so meisterlich nachgeahmt zu finden glaubte, dafs Aristofanes selbst es schwerlich besser hätte machen können. Praxagoras stimmte für die Rede des Agathon, als die urbanste und launigste Verspottung der Manier des berühmten Rhetors Gorgias, welchen Agathon zum Muster genommen zu haben schien. Neokles war für den Pausanias, Lais für die Hierofantin Diotima, Antipater für den Alcibiades. Ich, um sicher zu seyn, dafs ich mit keinem andern zusammenträfe, gab meine Stimme, dem Eryximachus, mit der Einschränkung, dafs ich seine Rede, in Ansehung des reichhaltigern und solidern Stoffes allen übrigen vorziehe, wiewohl ich gestehen müfste, dafs sie der gezwungen witzigen Einkleidung und des flachen Ausdrucks wegen die schlechteste von allen sey. Jedes von uns hatte dieſs und das zu Behauptung seiner Meinung vorzubringen, bis wir uns endlich alle vereinigten dem Antipater Recht zu geben, und den letzten Akt, wo der Sohn des Klinias, mit einem lärmenden Gefolge von lokkern Zechgesellen, trunken und mit Blumenkränzen und Bändern behangen in den Sahl hereingestürmt kommt, und alles was darauf folgt, bey weitem für das Beste am ganzen Werke zu erklären.

Von dem Augenblick an, sagte Antipater, da Alcibiades auftritt, weht sein Genius durch den Rest des Dialogs; alles ist freye zwanglose Natur, Feuer, Jugendkraft und üppige Lebensfülle; auch halt' ich es für unmöglich, von diesem auſserordentlichen Jüngling, wie er wirklich war, und (nach allem, was wir von ihm wissen) gewesen seyn muſs, ein Bild aufzustellen, das mit so viel Freyheit und Leichtigkeit richtiger und fester gezeichnet, lebhafter gefärbt, zärter schattiert und leichter gehalten wäre; wenn ich anders in Gegenwart eines Künstlers mich so kunstmäſsig ausdrükken darf.

Das darfst du, versetzte Eufranor, indem er ihm traulich die Hand schüttelte; und wenn du hinzusetztest: diese Darstel lung des Alcibiades verdiene der Kanon aller künftigen Dichter zu seyn, welche die Menschen, wie sie sind, schildern, und doch dem Gesetz der Schönheit, das alle Künstler bindet, nichts dabey vergeben wollen; so würde ich ohne Bedenken behaupten, dafs du die Wahrheit gesagt hättest.

Lais. Indessen ist nicht zu läugnen, dafs die Alcibiades und ihresgleichen durch diese künstliche und aufs feinste in einander verflöfste Mischung der auffallendsten Unarten und Untugenden mit den schimmerndsten Naturgaben, ja sogar mit allem was das liebenswürdigste und schätzbarste am Menschen ist, und durch diese unwiderstehliche Grazie, die ihren Lastern selbst etwas gefälliges und liebreitzendes giebt, zu den gefährlichsten aller Menschen würden. Wofern uns also jemand einwendete; wenn die Dichter durch das Gesetz der Schönheit verpflichtet wären, die lasterhaften und hassenswürdigen Personen, die sie uns darstellen, immer so zu schildern, dafs es uns unmöglich wäre, ihnen nicht, mehr oder weniger, gut zu seyn — wie der Fall wirklich beym Alcibiades des Plato ist — so würden ihre Werke, je vortreflicher sie in Ansicht der Kunst wären, desto verderblicher für die Sitten, und also, in Rücksicht auf das allgemeine Beste, desto verwerflicher werden; was könnten wir ihm antworten?

Praxagoras. Ich sollte denken, es wäre eben so möglich als der Humanität gemäſs, das Laster, als das allein Hassenswürdige, von der Person, die als Mensch immer liebenswürdig ist, so zu trennen, daſs die Liebe zur Tugend nichts dabey verlöre, wenn wir gleich (was ehmahls der Fall des Sokrates war) sogar einen Alcibiades liebten.

Aristipp. Diese Trennung mag in der Spekulazion leicht genug seyn; aber ich zweifle daſs im wirklichen Leben die Liebe zur Person uns nicht immer geneigt machen werde, ihre Untugenden zu übersehen, oder, wenn wir sie auch gewahr werden, zu entschuldigen; bis wir nach und nach so weit kommen, sie mit ihren guten Eigenschaften zu vermengen, oder für bloſse Schattierungen derselben anzusehen, und unter dem Schleier der Grazie zuletzt sogar liebenswürdig zu finden. Wenn dieſs wirklich der Fall wäre, möchte es wohl kaum möglich seyn, daſs unser Abscheu vor der Untugend selbst sich nicht eben so allmählig verminderte, oder wenigstens daſs die Nachsicht gegen die Untugenden der geliebten Person uns eben so duldsam gegen unsre eigene machte.

Neokles. Die Liebe wäre also nicht immer, wie Plato sagt, Liebe des Schönen, wofern es möglich wäre, auch das Häſsliche an der geliebten Person zu lieben?

Aristipp. So scheint es, und ich denke nicht daſs Platons Ansehen hier in Betrachtung kommen kann; denn es herrscht durch sein ganzes Symposion eine so auffallende Vieldeutigkeit in dem Sinne, worin er die Wörter Liebe und lieben gebraucht, daſs es schwer ist, sich seiner wahren Meinung gewiſs zu machen.

Die Rede schien allen Anwesenden aufzufallen, und sie brachte uns unvermerkt auf die Frage: was denn eigentlich der Zweck des filosofischen Dichters des Symposion bey diesem aus so seltsam kontrastierenden Theilen zusammengesetzten Werke gewesen seyn könne?

Der Versuch diese Frage zu beantworten, führte eine etwas genauere Zergliederung desselben herbey, die uns beynahe das einhellige Geständniſs abdrang: daſs diese so allgemein bewunderte Komposizion mehr einem bunten morgenröthlichen Duftgebilde als einem festen und bewohnbaren Gebäude ähnlich sey.

Da wir das Symposium diesen Abend — (vermuthlich nicht zum ersten Mahle) gehört und also noch ganz frisch im Gedächtnifs haben, sagte Praxagoras, so lafst uns, jedes sich selbst, ehrlich und offenherzig gestehen, wie viel oder wenig Wahres, eine schärfere Prüfung bestehendes und im Leben brauchbares wir darin gefunden? Ob uns alle diese Lobreden, Hypothesen und Allegorien auf und über den vorgeblichen Gott oder Dämon Eros, die uns in diesem Gastmahl in so mancherley Tonarten vordeklamiert, vorgescherzt und vorprofetisiert werden, wirklich befriedigende Aufschlüsse über die Natur, die Eigenschaften und die Wirkungen der allgemeinsten und gewaltigsten, wohlthätigsten und verderblichsten, tragischsten und komischsten aller Leidenschaften geben? Ja, ob sich überall irgend ein aus dem Ganzen hervorgehendes Resultat, welches als der Zweck des Verfassers betrachtet werden könne, darin entdecken lasse? Lafst mich in dieser Rücksicht einen Versuch machen, ob ich diesen grofsen reich und zierlich gestickten Peplos unter einen Gesichtspunkt bringen könne, aus welchem er sich, wo nicht auf Einen Blick übersehen, doch wenigstens in der Vorstellung leichter zusammenfassen und Beurtheilen lasse. — Alle nickten ihm ihre Einstimmung zu, und er begann folgender Maſsen.

„Eine bey dem Dichter Agathon versammelte Gesellschaft, in welcher Sokrates (wie in allen Platonischen Dialogen) die Hauptfigur vorstellt, ist übereingekommen, eine von Rednern und Dichtern bisher vernachlässigte Lücke auszufüllen, und dem Liebesgott, Mann vor Mann, nach Vermögen eine Lobrede zu halten.

„Die Rede des schönen Fädrus, der den Reihen anführt, ist beym Tageslichte besehen, nichts als eine spielerhafte rhetorische Schulübung, deren Tendenz noch zum Überfluſs unsittlich ist, da sie lediglich darauf ausgeht, die Päderastie nur nicht gar zum höchsten Gute des Menschen, und die Willfähigkeit des Geliebten gegen den Liebhaber zu einer in den Augen der Götter selbst höchst verdienstlichsten Sache zu machen.

„Der auf Fädrus folgende Pausanias scheint durch Unterscheidung eines zwiefachen Amors etwas vernünftigeres auf die Bahn bringen zu wollen als sein Vorgänger; aber seine Rede dreht sich gröſstentheils um schwankende Begriffe. Auch ihm ist die Päderastie so sehr die einzig rechtmäſsige Art von Liebe, daſs er es seinem gemeinen Amor (Eros Pandemos) sogar zum Vorwurf macht, daſs die Verehrer desselben Weiber nicht weniger als Männer liebten; und wenn er gleich — zu Hebung des anscheinenden Widerspruchs zwischen dem Gesetz und Herkommen, welche bey den Athenern den Knabenliebhaber auf alle Weise begünstigen, und der Sitte, die es dem Geliebten zur Schande macht dem Liebhaber zu willfahren — mit gutem Fug behauptet, die Liebe sey an sich weder gut und ehrsam, noch bös' und schändlich, sondern werde jenes bloſs durch eine edle, dieses durch eine schändliche Art zu lieben: so verderbt er doch alles wieder, indem er will, daſs die geliebten Jünglinge zwar nur tugendhaften Liebhabern willfahren sollen, aber ihnen dafür dieses Willfahren zu einer ordentlichen Pflicht macht, und also einen an sich selbst verwerflichen Miſsbrauch zu veredeln, und sogar zu einer Belohnung der Tugend oder des Verdienstes zu machen sucht.

„Die hierauf folgende Rede, worin der Arzt Eryximachns die Theorie des Pausanias von dem zwiefachen Eros mit vieler Spitzfündigkeit generalisiert, und überall, sowohl in der Natur als in den Künsten, sogar in der Arzneykunst, den Kampf und

Sieg des himmlischen Amors oder der Liebe der Muse Urania über den Gemeinen, oder die Liebe der Muse Polymnia, zur wirkenden Ursache alles Schönen und Guten macht, diese ganze Rede ist von Anfang bis zu Ende ein gezwungenes Witzspiel mit doppelsinnigen Worten und Metafern, wodurch nichts weder klar gemacht noch bewiesen wird. Man sieht nicht, womit die arme Muse Polymnia (die er eigenmächtig mit der Afrodite Pandemos verwechselt) es verschuldet hat, daſs er sie ich weiſs nicht ob zur Mutter oder zur Buhlin seines Allerweltamors herabwürdigt; und wiewohl der redselige Arzt eine Menge bunter Luftblasen zu Lob und Ehren seines Uranischen Eros platzen läſst, so trägt doch auch Er kein Bedenken, die Lehre seines Vormanns von der schuldigen Willfährigkeit des Geliebten gegen einen artigen und wohlgesitteten Liebhaber zu einer moralischen Maxime zu erheben; ja die geliebten Jünglinge haben, seiner Meinung nach, ihrer Pflicht schon genug gethan, wenn sie nur die Absicht hegen, die Liebhaber durch ihre Gefälligkeit tugendhafter zu machen.

„An dem possierlich läppischen und nicht sehr züchtigen Mährchen von den ursprünglichen Doppelmenschen einerley und beiderley Geschlechts, und ihrem Übermuth gegen die Götter, und dem glücklichen Einfall Jupiters sie in der Mitte von einander zu spalten, mit der Bedrohung, wenn sie noch nicht gut thun wollten, sie noch einmahl zu spalten, so dafs sie alle nur auf Einem Beine herum hinken müfsten u. s. w., an dieser Posse, sage ich, ist scwerlich etwas anders zu rühmen, als dafs sie (nebst der daraus abgeleiteten witzelnden Erklärung der verschiedenen Fänomene der Liebe, in der niedrigsten Bedeutung dieses Wortes) mit vieler Schicklichkeit dem Aristofanes in den Mund gelegt wird; wiewohl wir nicht die mindeste Ursache haben, dem Plato die Ehre der Erfindung abzusprechen. Jedes ernsthafte Wort, das ich über diesen symposischen Spafs verlieren wollte, wäre zu viel; als Spafs mag er indessen bey einem Trinkgelag und unter lauter Männern von Athen, d. i. (nach der Behauptung des Aristofanischen Adikos Logos) unter lauter Euryprokten, [8]) an ihren Ort gestellt bleiben.

„Bey dem prosaischen Lobgesang, welchen der Dichter und Gastmahlgeber Agathon nunmehr dem Liebesgott zu Ehren anstimmt, kann Plato schwerlich eine andere Absicht gehabt haben, als den Sofisten Gorgias durch eine bis zur Karikatur (wiewohl von der feinern Art) getriebene Nachahmung seiner Manier lächerlich zu machen; und daſs er diese Absicht wirklich hatte, läſst das ironische Lob, welches Sokrates der so zierlich gedrechselten und prächtig heraus geputzten Puppe ertheilt, nicht bezweifeln.

„Dieser, nachdem er seine Bedingungen mit den übrigen Symposiasten gemacht hat, nimmt nun das Wort, und verwandelt den ganzen, mit so schwärmerischem Beyfall aufgenommenen Agathonischen Päan auf Einmahl in Rauch und Dampf, indem er ihm beweist, daſs an allen den Tugenden, die er seinem Eros, als dem schönsten, gerechtesten, tapfersten, weisesten und besten aller Götter, nachgerühmt habe, kein wahres Wort sey. Denn Eros sey weder schön, noch gut, noch tapfer, noch weise, noch ein Gott, sondern ein bloſser Dämon, den seine Mutter Penia (eine von Plato erschaffene Göttin der Dürftigkeit) im Drang des Bedürfnisses von dem nektartrunknen Gott der Betriebsamkeit Poros im Göttergarten aufgelesen; der, vermöge dieser Abstammung, alle guten und schlimmen Eigenschaften seiner Erzeuger in sich vereinige, und an welchem noch das Beste sey, daſs er, von einem unwiderstehlichen Trieb zum Schönen und Guten hingerissen, weder Rast noch Ruhe habe, bis er sich mit demselben vereinige, und dadurch hinwieder der Erzeuger von schönen und guten Kindern, nehmlich edeln Gesinnungen, Thaten und Bestrebungen, werde." Plato scheint sehr gut gefühlt zu haben, daſs es sich nicht wohl geziemt hätte, einen Mann wie Sokrates diese schönen Dinge, zu deren Kenntniſs ein Sterblicher mit bloſser Hülfe seiner fünf Sinne und seiner Vernunft nicht gelangen kann, in seiner eigenen Person vorbringen zu lassen. Er macht also, mit eben dem feinen Sinn für das Schickliche, womit er die komische Hypothese von den Doppelmenschen dem Aristofanes beylegt, den Sokrates zum bloſsen Erzähler einiger zwischen ihm und einer gewissen Seherin Diotima vorgefallener Gespräche über die wahre Natur der Liebe, und die Art und Weise, wie dieser Dämon die Seelen auf der Leiter des materiellen Schönen zum Wissenschaftlichen und Sittlichen, und von diesem zum bloſs Intelligibeln emporführe; denn das Meiste, was er diese Diotima (als seine vorgebliche Lehrmeisterin in Erotischen Dingen) vorbringen läſst, konnte mit Wahrscheinlichkeit und Füglichkeit keiner andern Person als einer Enthusiastin, die an übernatürliche Kenntnisse der göttlichen Dinge

Anspruch machte, in den Mund gelegt werden. Schade nur, dafs wir in dem Unterricht, den diese Mystagogin ihrem gelehrigen Schüler ertheilt, eben denselben Doppelsinn wieder finden, worin (wie Aristipp bereits bemerkt hat) die Wörter Eros und erân in diesem ganzen Dialog zwischen den zwey sehr heterogenen Bedeutungen der reinen Liebe und des blofsen Begehrens immer hin und her schwanken; ein Doppelsinn, wodurch alles Wahre und Praktische, was sie uns zu lehren scheint, indem wir es erfassen wollen, uns unvermerkt wieder durch die Finger schlüpft. Das allerschlimmste indessen ist, dafs nachdem die Seherin, die so viel sieht was sonst niemand sehen kann, uns zu Erwartung der herrlichsten Offenbarungen über das selbstständige Urschöne berechtigt hat, — zu welchem wir von einer ganz neuen Art von idealischer Päderastie, als der untersten Stufe, durch die ganze materielle und intellektuelle Welt emporsteigen sollen, — uns gleichwohl am Ende nichts geoffenbaret wird, als dafs dieses Urschöne (welches Diotima doch für den eigentlichen Gegenstand und das höchste Ziel der Liebe ausgiebt) weder mehr noch weniger als das Parmenideische Eins und All, das Platonische Wirklichwirkliche, der Hermetische Zirkel, dessen Mittelpunkt überall, und dessen Umkreis nirgends ist, mit Einem Worte, das Unendliche sey; welches aber erstens, da es keine Form hat, eben so wenig das Urschöne als der Urzirkel oder das Urdreyeck seyn kann; und zweytens, da es (ihrem eigenen ehrlichen Geständniſs nach) weder von den Sinnen erfaſst, noch von der Einbildungskraft dargestellt, noch vom Verstande begriffen werden kann, gänzlich auſser unserm Gesichtskreise liegt, und also für uns eben so viel ist als ob es gar nicht wäre."

„Ich will es nun euerm eigenen Scharfsinn und Urtheil überlassen, setzte Praxagoras hinzu, was für einen Zweck der göttliche Plato mit diesem geistigen Gastmahl beabsichtigt haben könne, und ob ihm groſses Unrecht geschähe, wenn man es mit einem Zaubermahl vergliche, wo die Gäste, nachdem sie ihre Kinnbacken ein paar Stunden lang weidlich spielen lieſsen, und von einer Menge der köstlichsten Schüsseln gesättigt zu seyn glaubten, am Ende die Entdeckung machen, daſs sie nichts als Luft gegessen haben, und hungriger von der prächtigen Tafel aufstehen, als sie sich um dieselbe gelagert hatten.

Wenn dem so ist, wie ich selbst zu besorgen anfange, sagte Lais lächelnd, so hätte der Zauberer wohl verdient, daſs wir eine kleine Rache an ihm nähmen. Wie wenn wir unser heutiges Symposion zu einem Gegenstück des seinigen machten, und anstatt dem leidigen Amor Lobreden zu halten, uns vereinigten, ihm der Reihe nach alles Böse nachzusagen, was sich, ohne ihm das kleinste Unrecht zu thun, von ihm sagen läſst? Was meinst du, Eufranor?

Eufranor. Es hieſse, däucht mich, die Rache, anstatt an Plato, an dem armen Amor nehmen, der eine so unfreundliche Behandlung am Ende doch weder an dir, schöne Lais, noch (wie ich hoffen will) an irgend einem von uns andern verschuldet hat.

Lais. Wie, Eufranor? Wenn nun auch wir für unsre Person uns nicht über ihn zu beklagen hätten, sollen wir so selbstsüchtig seyn, ihm alles tragische Unheil und Elend zu verzeihen, daſs er seit dem Trojanischen Kriege, und lange vorher, da wir arme sterbliche Weiber noch so viel von den Nachstellungen und Gewaltthätigkeiten der Götter auszustehen hatten, im Himmel und auf Erden angerichtet hat?

Neokles. Dafür legen wir alles Gute, chöne, Angenehme, Fröhliche, Komische und Possierliche, wovon er ebenfalls von jeher der Urheber und Anstifter war, in die andere Wagschale, so wird sie, wenn auch das Übergewicht nicht auf dieser Seite seyn sollte, allem Unheil, das die schöne Lais so sehr zu Herzen nimmt, wenigstens das Gegengewicht halten. Und rechnest du die vielen herrlichen Tragödien für nichts, die wir noch nebenher damit gewonnnen haben?

Antipater. Auch ohne diefs ist ja schon Platons Pausanias allen fernern Beschwerden und Wehklagen über die Liebe durch die glückliche Entdeckung zuvorgekommen, dafs es, so wie zweyerley Afroditen, auch zweyerley Amorn gebe. Alles Tragische und Komische, was der Liebe nachgesagt werden kann, kommt auf Rechnung des Eros Pandemos und seiner Mutter der Muse Polymnia; beide hat uns Plato selbst schon Preis gegeben, und das Böse, was sich von ihnen sagen liefse, würde weder neu, noch angenehm zu hören, noch von irgend einem Nutzen seyn.

Lais. Das käme auf eine Probe an, mein junger Freund. Von dir selbst mag was du sagst immerhin gelten; denn in der That scheint dir weder der himmlische noch der Allerwelts-Amor, noch irgend ein anderer wofern es ihrer noch mehrere giebt, bisher weder eine Stunde von deinem Schlaf, noch eine Rose von deinen Wangen gestohlen zu haben. — Antipater erröthete, und schien ein wenig verlegen; ich mufste ihm also zu Hülfe kommen.

Aristipp. Mich däucht, schöne Lais, du hast ein Wort gesprochen, das uns über die Liebe auf einmahl ins Klare und dich selbst aufser aller Gefahr setzt, für undankbar gehalten zu werden, wenn du etwa Lust hättest, eine Schmachrede auf sie zu halten.

Lais. Diese Lust hat mir dein junger Landsmann schon vertrieben, Aristipp; und ich bin ihm Dank dafür schuldig. Denn meine Schmachrede würde am Ende doch schwerlich viel anders ausgefallen seyn als Agathons Lobrede; und da hättest du mir im Nahmen deines Sokrates eben denselben Vorwurf machen können, den er dem Agathon macht; nehmlich, dafs wir beide, nach Art der Sofisten und Rhetorn, gelobt und gescholten hätten, ohne uns zu bekümmern, wie viel oder wenig Wahres an unsern Deklamazionen sey. — Aber, welches ist das glückliche Wort, das mir unversehens entwischt ist, und, wie du sagst, so viel Licht über den vielgestaltigen Stoff unsers Gespräches verbreitet?

Aristipp. „Wenn es noch mehrere Amorn giebt,“ sagtest du, und konntest damit nichts anders sagen wollen, als daſs es ihrer wirklich nicht nur viele, sondern unzählige giebt, für welche man, wenn jemahls die Erotik zu einer vollständigen Wissenschaft erwachsen sollte, eben so viele besondere Nahmen erfinden müſste.

Lais. Die gute Diotima käme also mit ihrem einzigen aus lauter Widersprüchen, Negazionen und bloſsen Tendenzen zusammengesetzten Dämon-Amor übel zu kurz, — und das ist mir, die Wahrheit zu sagen, leid. Denn ich kann mich nicht erwehren, diesem Amor, der so leer wie eine zusammengeschrumpfte Blase, und so dünn wie eine verhungerte Cikade ist, wegen seiner allgemeinen Liebe zu allem Schönen, seiner beständigen Unbeständigkeit, und hauptsächlich seines unersättlichen Hungers wegen, gut zu seyn, den, nachdem er alles was auf und zwischen und in und über Erde und Himmel ist, verschlungen hat, nichts als das Unendliche selbst ersättigen kann. Es ist etwas so sublim Ungeheures in dieser Idee, daſs man, in eben dem Augenblick, da man laut über sie auflachen möchte, sich ich weiſs nicht wie zurückgehalten und gezwungen fühlt, Respekt vor ihr zu haben.

Aristipp. Da hast du schon wieder ein herrliches Wort gesagt, schöne Lais.

Lais. Wundert dich das? Als ob es mir so selten begegnete, etwas zu sagen das ich selbst nicht recht verstehe.

Aristipp. Wenn in dem, was du sagtest, ein so tiefer Sinn liegt, als ich zu glauben versucht bin, so ist Plato auf Einmahl gerechtfertigt, und wir haben ihn durch die schmähliche Vermuthung, daſs er keinen festen Zweck bey dem vollkommensten seiner Werke gehabt habe, groſses Unrecht gethan. Alles in seinem Symposion wäre dann sehr verständig und absichtlich zusammengeordnet; die Reden des Fädrus, Pausanias, Eryximachus, Aristofanes und Agathon hätten dann, auſser den bereits berührten Nebenzwecken, zur Absicht, die gemeinen Begriffe von der Liebe, die bey den Griechen von Alters her im Schwange gehen, in verschiedenem Lichte von verschiedenen Seiten aufzustellen und zu berichtigen, und die gewöhnlichsten Erscheinungen und Wirkungen dieser Leidenschaft zu erklären; sie selbst aber dienten dem Gespräch des Sokrates und der Diotima bloſs als heraushebende Schattenmassen, und der groſse Zweck des Symposions wäre, uns mit der Theorie einer von aller gröbern Sinnlichkeit und Leidenschaft gereinigten geistigen Liebe zu beschenken; einer Liebe, welche eben darum, weil sie bloſs das vollkommenste Schöne zum Gegenstand hat, durch nichts geringeres als das ewige, unwandelbare, unbegreifliche, unendliche Selbstständigschöne befriedigt werden kann.

Lais. Weiſst du auch, daſs ich dich, wenn der leidige Tisch nicht zwischen uns stände, für diese groſsmüthige Rechtfertigung meines Lieblingsschriftstellers küssen möchte? Denn ich gestehe, daſs ich es schmerzlich empfunden hätte, wenn der häſsliche Vorwurf der Zwecklosigkeit auf ihm sitzen geblieben wäre.

Aristipp. Und doch darf ich mir noch nicht schmeicheln, die schöne Belohnung, die du mir in Gedanken geben wolltest, schon verdient zu haben. Denn wiewohl ich einen allerdings erheblichen Vorwurf von deinem Günstling abzulehnen suchte, so kann ich dir doch nicht verbergen, daſs mir das Mährchen von Poros und Penia, und der Dämon-Eros, den die Bettelnymfe dem berauschten Gott hinter einer Hecke des Göttergartens im Schlaf abgeschlichen haben soll, und sein unersättlicher Heiſshunger nach einem gestaltlosen Urschönen, das allenthalben und nirgends ist, ungeachtet der naiven

Unbefangenheit, womit Diotima das alles vorbringt, um keinen Splitter eines Strohhalms ehrwürdiger ist, als die Androgynen des muthwilligen Aristofanes. Lieber wollte ich mir noch die zweyerley Amorn des Pausanias gefallen lassen, wiewohl mich dünkt, daſs der eine, den er Pandemos zubenennt, unter dem Nahmen Pothos (der seine Natur viel deutlicher bezeichnet) schon bekannt genug ist, um eine neue Benahmsung überflüssig zu machen. Den eigentlichen Unterschied zwischen Eros und Pothos würde ich darin setzen: daſs Pothos alles Schöne bloſs des Genusses wegen begehrt, oder noch eigentlicher, daſs die Schönheit einer Sache, von welcher er sich einen den Sinnen schmeichelnden Genuſs verspricht, für ihn nur ein stärkerer Anreitz ist, sich in den Besitz derselben zu setzen: da hingegen Eros das Schöne oder Schöngute (was im Grund einerley ist) ohne einen Blick auf sich selbst, bloſs weil es schön ist, liebt, d. i. inniges Wohlgefallen daran hat, und daher im bloſsen Anschauen desselben, ja sogar in dem bloſsen Gedanken daſs es ist, schon Nahrung genug findet, um ewig dabey ausdauern zu können; so wie die Götter ihre Unsterblichkeit zu unterhalten keiner andern Speise als Ambrosias bedürfen. Was uns Diotima von der Unersättlichkeit dieses Amors sagt, ist ein täuschendes Spiel mit den abgezogenen und daher unbestimmten formlosen Begriffen des Unendlichen, wobey die gute Seherin vergessen hat, dafs ein abgezogener Begriff, als eine leere Hülse, kein Gegenstand der Liebe, und das Schöne, eben darum, weil es nur durch eine bestimmte Form schön ist, nicht unendlich seyn kann. Nicht wenig trägt auch zu dieser täuschenden Vorstellung bey, dafs man gewohnt ist, die Unbeständigkeit der Menschen im Lieben auf Rechnung der Liebe zu setzen, da sie doch blofs eine natürliche Folge theils der Unbeständigkeit der Dinge selbst, theils der organischen Einrichtung unsers Körpers ist; denn es ist so sehr Natur der Liebe durch das Anschauen oder den reinen geistigen Genuſs des Schönen befriedigt zu werden, dafs jeder einzelne schöne Gegenstand, wofern er immer derselbe bliebe, und die Seele im reinen Genufs desselben nicht von aufsen her gestört würde, hinlänglich wäre, sie ewig fest zu halten und völlig zu befriedigen.

Eufranor. Wenn ich als Künstler meine Meinung von der Sache sagen darf —

Lais. Das war es eben, warum ich dich in diesem Augenblick bitten wollte.

Eufranor. So sage ich, dafs ich keinen Begriff davon habe, wie ein Mahler oder

Bildner es anfangen sollte, um den Platonischen Eros, den nichts als das selbstständige Urschöne befriedigen kann, symbolisch darzustellen: den Aristippischen hingegen getraue ich mir so gut zu mahlen, daſs er keinen Zettel aus dem Munde nöthig haben soll, um für das, was er ist, erkannt zu werden. Ich würde ihn, fürs erste, als einen schönen, ewigjugendlichen Genius schildern: denn mit Platons Amor, der weder schön noch häſslich ist, mag ich als Mahler nichts zu schaffen haben; hingegen finde ich sehr schicklich, daſs der Liebhaber der Schönheit selbst schön sey. Nur würde ich ihn so darzustellen suchen, daſs es dem sinnigen Anschauer sogleich bemerklich würde, er empfange seinen schönsten Glanz von dem geliebten Gegenstand, und verschönere sich selbst im Anschauen desselben. Um dieſs, so weit die Schranken der Kunst es verstatten, bewirken zu können, und zugleich anzudeuten, daſs dieser Amor gleichsam vom bloſsen Anschauen des Schönen lebe, und ohne alle Begierde sich völlig daran ersättige und darin ruhe, würde ich ihm die himmlische Venus nicht in einer mit mancherley prächtigen und reitzenden Gegenständen ausgeschmückten Gegend weder des Olympus noch der Erde, sondern in einem den ganzen Raum ausfüllenden leeren und dunkeln Gewölk erscheinen lassen; so daſs alles Licht allein von der Göttin ausginge, und den in ihrem Anschauen verlornen oder vielmehr sich selig fühlenden Genius dergestalt anstrahlte und verklärte, daſs seine Shönheit bloſs ein Widerschein der ihrigen zu seyn schiene. Dieſs ist alles (freylich wenig genug) was ich von der Idee, die jetzt vor meiner Seele schwebt, anzudeuten vermögend bin; ausgesprochen kann sie nur durch die wirkliche Darstellung werden —

Lais. Und du getrauest dich dessen, sagtest du? Ich werde dich beym Wort nehmen, Eufranor!

Eufranor. Und ich lasse mich dabey nehmen, wenn du mir dagegen dein Wort giebst, daſs die schönste Sterbliche, die ich kenne, das Modell meiner Venus Urania seyn soll.

Lais. Alles was ich dir versprechen kann, ist, daſs die Schuld nicht an mir liegen soll, wenn dein Bild nicht zu Stande kommt. — Und so hätten wir denn Hoffnung, durch die That bewiesen zu sehen, daſs die Kunst sich mit Aristipps Amor besser behelfen könne als mit dem Platonischen. Aber was die Realität betrifft: möchten sie einander wohl wenig vorzuwerfen haben. Denn eine Liebe ohne Begierde, eine Liebe die vom bloſsen Anschauen lebt, und der Gegenliebe rein entbehren kann, möchte doch wohl in dieser untermondlichen Welt eben so gut ein Hirngespenst seyn, als die Liebe zu einem Urschönen, das weder in den Begriff noch in die Sinne fällt.

Praxagoras. Diesen Ausspruch, schöne Lais, erwartete ich billig von einem so hellen und richtigen Blick, wie der deinige, und unfehlbar hängt auch Aristipp nicht so fest an seinem idealischen Amor, daſs er uns nicht ehrlich gestehen sollte, daſs mit solchen, auf die Schneide einer mathematischen Linie getriebenen Abstrakzionen weiter nichts gewonnen wird, als die Gewiſsheit, daſs es gar keine Liebe unter dem Monde gebe.

Aristipp. Der Vorwurf des Praxagoras würde mich treffen, wofern ich sagte, ich kenne einen Menschen, der ein schönes Weib, oder auch nur eine schöne Bildsäule, einen schönen Wagen mit zwey milchweiſsen thrazischen Pferden, oder irgend ein schönes Ding in der Welt, sein Lebenlang vor sich sehen könnte, ohne jemahls von der leisesten Begierde es zu besitzen angewandelt zu werden. Gewiſs giebt es schwerlich einen solchen Sterblichen. Aber darauf wird bey

Unterscheidung der Liebe von der Begier keine Rücksicht genommen; denn da ist es bloſs darum zu thun, jedem das seinige zu geben, dem Eros was der Liebe, dem Pothos was der Begierde zukommt. Daſs es etwas zwar nicht unmögliches, aber gewiſs sehr seltenes unter den Sterblichen ist, jenen ohne diesen zu sehen, geb' ich nicht nur zu, sondern find' es der Natur sehr gemäſs. Indessen ist doch eben so wenig zu läugnen, daſs es von jeher unter Blutsverwandten, unter Freunden, ja sogar unter Liebenden in der engern Bedeutung des Worts, an Beyspielen reiner uneigennützige Liebe, selbst an solchen, wo der Freund dem Freunde, der Liebende dem Geliebten die gröſsten Opfer ohne alle Rücksicht auf eigenen Vortheil oder Lohn zu bringen willig ist, nie gefehlt hat noch künftig fehlen wird: und wer so weit gehen wollte, das innerliche Vergnügen, das von dergleichen Gesinnungen und Handlungen unzertrennlich ist, für das geheime eigennützige Triebrad derselben zu erklären, da es ihm doch ewig unmöglich wäre, sein Vorgeben nach der Schärfe zu beweisen, würde mit ungleich besserm Fug zu tadeln seyn, als Plato, wenn er die Begriffe des Schönen, Wahren, Rechten u. s. f. durch Abscheidung von allem Fremdartigen zum höchsten Grade der Feinheit zu treiben sucht.

Eufranor. Meine Kunstverwandten wufsten bisher nur von einem eigentlichen grofsen Amor, der Cyprischen Göttin Sohn, den sie gewöhnlich mit dem Bogen in der Hand, und einem Köcher voll starkbekielter Pfeile auf dem Rücken, bilden; aber dafür stehen uns der kleinen Amorinen, seiner jüngern Brüder, so viele zu Diensten als wir gelegenheitlich nöthig haben. Sollte nicht, nach diesem Beyspiel und einem Wink, den uns Aristipp bereits gegeben, zu Folge, zur Erklärung aller der unzähligen Abartungen, Widersprüche mit sich selbst, Verwandlungen, Thorheiten und losen Streiche, die man dem armen Amor zur Last legt, das bequemste seyn, statt eines einzigen Eros Pandemos oder Pothos, (der, um sich zu gleicher Zeit und an so vielen Orten in so mancherley Gestalten zu zeigen, ein gröfserer Zauberer als der alte Proteus oder die Empuse unsrer Kinderwärterinnen seyn müfste) so viele kleine Liebesgötter anzunehmen, als es verschiedene Arten und Abarten der Liebe giebt, so dafs eigentlich jedermann seinen eigenen hätte, und keiner von ihnen für die Narrheiten und Ausschweifungen eines andern verantwortlich gemacht werden dürfte?

Neokles. Der Einfall scheint mir glücklich; nur möchte ich ohne Mafsgabe vorschlagen, den Eros nie mit seinem Stiefbruder Pothos zu verwechseln, sondern ihm (da er doch nicht ohne Gegenliebe ausdauern kann) bloſs seinen Zwillingsbruder Anteros zum Gespielen zu geben; die ganze Brut der Amorinen aber nicht für Brüder des Pothos, sondern für seine Kinder zu erklären, die er mit den Nymfen Afrosyne, Anselgeia und andern ihres gleichen, zum Theil auch mit der Bettlerin Penia, welche von besonders fruchtbarer Natur seyn soll, in die Welt gesetzt haben könnte.

Praxagoras. Darf ich, ohne der Freyheit und Willkührlichkeit eines Symposischen Gesprächs zu nahe zu treten, meine Gedanken von dem unsrigen sagen; so dünkt mich, Plato habe uns unvermerkt mit seinem Hang zum Sympolisieren und Allegorisieren angesteckt, und so sey es auch uns ergangen wie ihm, daſs nehmlich aus allen den schönen Sachen, die diesen Abend über die Liebe vorgebracht worden sind, zuletzt doch kein Resultat erfolgt, und wir aus einander gehen werden, ohne die wahre Auflösung des Problems gefunden zu haben. Wie, wenn mir erlaubt würde, die Sache bey einem andern Ende anzufassen, und — da wir doch alle wissen, daſs die Liebe weder ein Gott noch ein Dämon, weder Uraniens, noch Polymniens noch Peniens Sohn, sondern eine menschliche Leidenschaft und die fysische Wirkung gewisser Triebe und Neigungen unsrer aus Thier und Geist sonderbar genug zusammengesetzten Natur ist, — zu sehen, was es aus diesem Gesichtspunkt für eine Bewandtnifs mit ihr habe? — Was von ihr auf Rechnung des sympathetischen Instinkts der beiden Androgynischen Hälften zu setzen; was hingegen blofs aus dem unsrer edlern Natur wesentlichen reinen Wohlgefallen am materiellen, geistigen und sittlichen Schönen zu erklären sey; und endlich; welche von den Symptomen und Wirkungen, die ihr zugeschrieben werden, auf die Verantwortung andrer selbstsüchtiger Leidenschaften kommen, die sich öfters zu ihr gesellen, und (wie z. B der Ehrgeitz oder die Eifersucht) nicht nur ihre eigene Energie verstärken, sondern sogar ihre Natur dergestalt überwältigen, dafs sie, aus der sanftesten, geschmeidigsten und humansten, die unbändigste und grausamste aller Leidenschaften wird. Auf diesem Wege, däucht mich —

Lais ihm lächelnd ins Wort fallend. Würdest du uns, lieber Praxagoras, unfehlbar zu einer sehr gründlichen und vollständigen

Filosofie der Liebe verhelfen; aber für ein kleines anspruchloses Symposion, wie dieses, möchte, wie du selbst siehest, eine solche Operazion fast zu ernsthaft und methodisch scheinen, zumahl da die Nacht schon weit vorgerückt ist. Gefällt es Euch, so will ich unsre bisherige Unterhaltung mit einem Milesischen Mährchen schliefsen, welches ich unmittelbar aus der Quelle selbst, nehmlich aus dem Mund einer der mährchenreichsten Ammen in Milet geschöpft habe, und woran ihr wenigstens — die Kürze sehr preiswürdig finden werdet. Mich liefs die Milesische Amme nicht so leicht davon kommen.

„Es war einmahl ein König und eine Königin, ich weifs nicht in welchem Lande, weit von hier, die hatten eine Tochter, Psyche genannt, von so übermenschlicher Schönheit, dafs Afrodite selbst eifersüchtig auf sie ward, und, um einer so gefährlichen Rivalin je eher je lieber los zu werden, ihrem Sohn befahl, ihr mit dem giftigsten seiner Pfeile irgend eine hoffnungslose Liebe in die Leber zu schiefsen, von welcher sie in kurzer Zeit zu einem so hagern blafsgrünen Gespenst abgezehrt würde, dafs ihr die Eitelkeit, sich mit der Göttin der Schönheit vergleichen zu lassen, wohl vergehen müfste. Amor schickte sich an, seiner Mutter Befehl zu vollziehen; aber kaum hatte er einen Blick auf die schöne Psyche geworfen, die er im Garten ihres Vaters an einer murmelnden Quelle eingeschlummert fand, so verliebte er sich so heftig in sie, daſs er von Stund an beschloſs sich auf ewig mit ihr zu verbinden. Weil er aber seine Leidenschaft vor seiner Mutter auf alle Weise zu verbergen suchen muſste, bewog er seinen Freund und Spielgesellen, den Zefyr, durch vieles Bitten, sich seiner anzunehmen, und (nachdem ihm dieser beym Styx zugeschworen hatte sich recht ehrbar aufzuführen) die schlafende Psyche sanft aufzuheben, und auf einem gewissen Berg in einer menschenleeren Wildniſs am Ende der Welt, wo niemand sie suchen würde, eben so sanft wieder nieder zu legen. Psyche, die, während dieſs mit ihr vorging, immer ruhig fortgeschlummert hatte, erwacht endlich und erstaunt nicht wenig, sich, ohne zu wissen wie, an einem Ort zu finden, wo ihr alles was sie sieht, neu und fremd ist. Mitten in einem unermeſslichen Lustgarten, der schon dem ersten Anblick alle Schönheiten der Natur in der reitzendsten Vereinigung darstellt, erblickt sie einen herrlichen Palast, dessen offne Pforten sie einladen, hineinzugehen, wiewohl die tiefste Stille, die um und in demselben herrscht, sie vermuthen läſst, daſs er ohne Bewohner sey. Amor ist ein so groſser Zauberer, daſs es ihn nur einen Wink gekostet hatte, diesen Pallast aufzuführen, und mit allem nur ersinnlichen zu versehen, was zur Einrichtung und Ausschmückung einer eben so bequemen als prachtvollen Wohnung gehört; und da er in eigner Person, wiewohl unsichtbar, um seine junge Geliebte schwebte, vergaſs er nicht, eine Art von Zauber auf sie zu legen, der die Schüchternheit vertrieb, von welcher sie natürlicher Weise befangen seyn muſste. Um ihr noch mehr Muth zu machen, rief ihr eine liebliche Stimme aus der Luft herunter zu: sey getrost, schöne Psyche, dieser Palast und alles was du siehest, ist dein; du bist hier unumschränkte Gebieterin; unsichtbare Hände werden dich bedienen, deinen leisesten Wünschen zuvorzukommen suchen, und jeden deiner Winke aufs schleunigste vollziehen. Durch einen so schmeichelnden Zuruf beherzt gemacht, ging sie in den Palast hinein, und gerieth ganz auſser sich vor Erstaunen und Freude, indem sie in den prächtigen Sählen und Zimmern umher irrte, in welchen alles von Silber und Gold und kostbaren Steinen dermaſsen glänzte und funkelte, daſs ihr die Augen davon übergingen. Unvermerkt befand sie sich in einem runden, auf Säulen von Jaspis ruhenden und mit großen Blumengewinden behangenen Sahl, wo so eben in einer mit Elfenbein ausgelegten goldnen Kufe ein warmes Bad für sie zubereitet worden war. Sogleich wurde sie von schwanenweichen unsichtbaren Händen ausgekleidet, ins Bad gehoben, mit köstlichen Wassern begossen, mit Rosenöhl eingerieben, abgetrocknet, wieder angekleidet und aufgeschmückt, alles mit einer Leichtigkeit und Zierlichkeit, daſs sie von den Grazien selbst bedient zu seyn glaubte. Als sie aus dem Bade hervor ging, öffnete sich ihr ein Speisezimmer, wo ein wahres Göttermahl auf sie wartete. Sie setzte sich, und aſs von den köstlich zubereiteten Speisen, die von den Unsichtbaren aufgesetzt und wieder abgetragen wurden, während die lieblichste Musik, von gleich unsichtbaren Sängerinnen und Saitenspielern aufgeführt, ihr Gemüth wechselsweise bald in eine fröhliche bald wollüstig schmachtende und unbekannte Freuden ahnende Stimmung setzten. Endlich, da die Nacht hereingebrochen war, und ihre Augenlieder zu sinken begannen, wurde sie von den Unsichtbaren in ein anderes Gemach geleitet, ausgekleidet und in das weichste und prallste aller Betten gelegt, wozu jemahls Schwanen ihren Flaum und Kolchische Lämmer ihre Wolle hergegeben. Sie war eben im Begriff einzuschlummern, als ein leises Getön die Furchtsame wieder aufschreckte; aber in eben demselben Augenblick verlosch die Lampe, die von der Decke herab einen dämmernden Schein über das Schlafzimmer verbreitet hatte, und bald darauf blieb ihr keine Möglichkeit zu zweifeln, daſs ein unbekanntes Wesen an ihrer Seite lag, und durch die zartesten Liebkosungen ihr zugleich seine Zuneigung, wiewohl stillschweigend, zu entdecken, und um ihre Gegengunst zu bitten schien. Wir wissen ungefähr alle, wie viel Bescheidenheit und Zurückhaltung sich unter solchen Umständen dem verwegensten aller Götter zutrauen läſst, und ob von der zitternden zwischen Grauen und Erwartung wie an einem Haare schwebenden Psyche etwas anders als ein leidendes Verhalten zu erwarten war.

Als sie des folgenden Tages gegen die Mittagsstunde aus den angenehmen Träumen, die ihr Amor zur Gesellschaft zurückgelassen hatte, erwachte, fand sie sich wieder allein, in einem Labyrinth von Gedanken und Erinnerungen verloren, aus welchem sie sich nicht zu helfen wuſste. Endlich stand sie auf, die Unsichtbaren stellten sich wieder ein, sie ins Bad zu führen, und alles was die sorgfältigste Bedienung der Geliebten ihres Herrn erforderte, mit ihrer gewöhnlichen Zierlichkeit und Gewandtheit zu verrichten — kurz, der Tag ging unter mancherley abwechselnden Vergnügungen unvermerkt vorüber, die Nacht, die ihm folgte, glich in allem der vorigen; und eben so war es mit einer Reihe folgender Tage und Nächte. Die unsichtbaren Dienerinnen wufsten den Unterhaltungen, die sie ihr verschafften, immer den Reitz der Neuheit zu geben; der unsichtbare Liebhaber wurde immer verliebter, und Psyche gewöhnte sich unvermerkt an das Wunderbare ihres Zustandes so gut, dafs sie ihn mit keinem andern in der Welt vertauscht hätte. Und dennoch hatte sie kaum zehen Tage in diesem glücklichen Zustande zugebracht, als sie zu fühlen begann, es fehle ihr etwas, ohne welches sie nicht glücklich seyn könne. Mit jedem Tage, mit jeder Stunde wurde diefs Gefühl schmerzlicher; es verbreitete Unruhe und Unbehaglichkeit über ihr ganzes Wesen; die Unsichtbaren konnten ihr nichts mehr recht machen; sie fand die artigsten kleinen Feste, die man ihr gab, geschmaklos und langweilig, und es währte nicht lange, so verriethen übel verhaltene Seufzer ihrem Gemahl selbst, sogar in den süfsesten Augenblicken der Zärtlichkeit, dafs ihr etwas schwer auf dem Herzen liege. Er sah sich genöthiget, sein bisheriges

Schweigen zu unterbrechen, und, da er sie einsmahls ungewöhnlich kalt und zurückhaltend fand, sagte er zu ihr: Liebste Psyche, du bist mifsmüthig, und fühlst dich unglücklich. Ich kenne die Ursache deiner Unzufriedenheit, denn ich lese in deiner Seele. Der Vorwitz zu wissen wer ich bin, plagt dich; aber wenn du wüfstest, in welche Verlegenheit du mich durch die unglückliche Wifsbegierde setzest, und welche Schmerzen du mir, welches Elend du dir selbst dadurch bereitest, du würdest sie mit Entsetzen und Abscheu aus deinem Gemüthe verbannen. Wisse also, von dem Augenblick an, da du erfährst wer ich bin, hast du mich auf immer verloren, dein bisheriges Glück ist dahin, und Jammer und Leiden ohne Mafs sind dein Loos, bis du dein unglückseliges Daseyn in Verzweiflung endigest. Glaube mir, liebe Psyche, und habe Mitleiden mit dir selbst; denn wenn du mein Geheimnifs entdeckt hast, so steht es nicht in meiner Macht, wie grofs sie auch ist, dich zu retten. Du kannst nicht zweifeln, dafs ich dich liebe; ich thue alles mögliche dich glücklich zu machen; du würdest es seyn, wenn du dir genügen liefsest, mich und alles was ich für dich thue, ruhig zu geniefsen ohne mehr wissen zu wollen als dir erlaubt ist, und vielleicht ist dir noch ein viel herrlicheres Loos in der Zukunft aufbehalten, wenn du die Probe, worauf ich deine Mäſsigung zu setzen genöthigt bin, weislich bestehest. Also nochmahls, Geliebte, verbanne den Vorwitz mich genauer zu kennen, beruhige dich im Genuſs meiner Liebe, und erspare mir den endlosen Schmerz, dich elend zu sehen, und dir nicht helfen zu können." So sprach Amor mit einem leisen traurigen Vorgefühl, daſs sein Zureden fruchtlos seyn würde. Die geschreckte Psyche fuhr ihm in die Arme und gelobte ihm heilig, seiner Warnung immer eingedenk zu seyn. Aber kaum sah sie sich wieder allein, so kehrte das unruhige Verlangen, sich durch ihre Augen nach der Beschaffenheit ihres Gemahls zu erkundigen, mit dreyfacher Stärke in ihren Busen zurück. Sie hatte sich ihn bisher unter einer liebenswürdigen Gestalt vorgebildet; jetzt regten seine eigene Worte und die schrecklichen Drohungen, womit er sein Verbot begleitet hatte, tausend Zweifel in ihrer Seele auf, und es war ihr unmöglich den Gedanken los zu werden, daſs er vielleicht in seiner wahren Gestalt ein häſslicher Zauberer oder sonst ein miſsgeschaffner Unhold sey, der sie durch seine Unsichtbarkeit um ihre Liebe betrüge. Kurz, die Unglückliche faſste den Entschluſs, die Qualen dieser Ungewiſsheit nicht länger zu ertragen, sondern noch in dieser Nacht zu erfahren, wer der

Unsichtbare sey, dem sie bisher die Vorrechte und die Zuneigung, die einem Gemahl gebühren, so unbesonnen zugestanden; und sie hielt sich selbst Wort. Um ihn desto sicherer zu machen, erwiederte sie in der nächsten Nacht seine Liebkosungen mit heuchlerischer Innigkeit: aber kaum merkte sie, dafs er eingeschlafen war, so stand sie von seiner Seite auf, schlich sich mit bloſsen Füſsen in ein Vorzimmer, wo sie wuſste dafs eine brennende Lampe stand, kam mit der Lampe in der Hand zurück, näherte sich dem Bette, und erblickte — den schlafenden Liebesgott in seiner ganzen ewig jugendlichen Schönheit. Mitten in ihrer Entzückung bey diesem unverhofften Anblick überfällt sie die Angst dafs er erwachen möchte; ihre Hand zittert, die Lampe schwankt, ein Tropfen heiſses Öhl fällt auf Amors schöne Brust; er erwacht, wirft einen schmerzlich zürnenden Blick auf Psyche, und fliegt davon. Und hiermit, lieben Freunde, ist mein Mährchen zu Ende. Der Milesischen Amme ihres fing hier erst recht an; aber was weiter folgt, gehört nicht zu meinem Zweck, und die Lehre aus meinem Mährchen zu ziehen, überlasse ich einem jeden selbst.

Mit diesen Worten erhob sie sich von ihren Polstern, und die ganze Gesellschaft stand auf, sagte ihr viel Schönes über ihr Milesisches Mährchen, und wünschte ihr gute Nacht.

Als die übrigen alle sich entfernten, blieb ich noch allein bey ihr zurück, um sie auf ihr Zimmer zu begleiten.

Wir waren kaum angelangt, so wandte sie sich mit einer unbeschreiblich reitzenden Miene gegen mich, und sagte in einem leise spottenden Tone: du glaubst also im Ernst, daſs Liebe ohne Begierde möglich ist?

Da ich sie sogleich errieth, (was ich ohne Anspruch an eine groſse Scharfsinnigkeit oder Divinazionsgabe gesagt haben will) so antwortete ich bescheiden aber zuversichtlich: Allerdings, und desto gewisser, je schöner der Gegenstand ist.

Lais. Auch dann, wenn er unmittelbar vor uns steht?

Ich. Auch dann.

Lais. Auch wenn Zeit und Ort und alle übrigen Umstände sich vereinigen den schlummernden Pothos zu wecken?

Ich. Allerdings.

Lais schalkhaft lächelnd. Wir reden, denk ich, im Ernst, Aristipp? Der arme Pothos könnte freilich auch aus Erschöpfung schlummern!

Ich. Es versteht sich, daſs dieſs nicht der Fall seyn darf.

Lais schwieg, und fing an eine Nadel, womit ein Theil ihres in kleine Zöpfe geflochtnen Haars zusammengesteckt war, heraus zu ziehen, die Perlenschnur um ihren Hals abzunehmen, und sich, so sorglos unbefangen als ob sie allein wäre, der Binde, die ihren Busen fesselte, zu entledigen; kehrte sich dann wieder zu mir, und sagte: ich glaube wirklich, Sokrates hätte die Probe unfehlbar ausgehalten; meinst du nicht?

O Lais, Lais, rief ich in einer unfreywilligen Bewegung aus, welch ein himmlischer Anblick würde dieser Busen einem einzigen Auserkohrnen seyn, wenn er die mütterliche Ruhestatt eines kleinen menschlichen Amorino wäre!

Grillenhafter Mensch! sagte sie, indem sie mir einen leichten Schlag auf die Schulter gab. Aber es ist Zeit zum Schlafengehen; gute Nacht, Aristipp! — und mit diesem Wort entschlüpfte sie in ihr Schlafgemach und zog die Thür sanft hinter sich nach. Ob sie auch den Riegel vorschob, weiſs ich nicht; denn gleich darauf hörte ich etliche von ihren

Mädchen, die zu ihr hereinkamen, und begab mich weg; unzufrieden mit mir selbst, das es mir gleichwohl einige Anstrengung kostete, mich von dieser allzu liebenswürdigen Sirene zu entfernen.

13.

Antipater an Kleonidas.

Ich befinde mich seit Anfang des Munychions mit Aristipp und dem schönen Kleofron, einem Schüler Platons und Geliebten seines Neffen Speusippus, zu Ägina: Kleofron auf einem Landgute des Eurybates von Athen, Aristipp und ich bey der berühmten Lais, deren prächtiger Landsitz dir ohne Zweifel noch wohl erinnerlich seyn wird. So klein diese Insel ist, so reich ist sie an Merkwürdigkeiten. Unter andern habe ich bereits sieben, an den großen Panegyrischen Spielen Griechenlands gekrönte Athleten gesehen, von welchen Einer, dessen Rücken neun und achtzig Jahre nicht zu krümmen vermochten, sich rühmen kann, daſs sein Sieg noch von Pindar selbst besungen wurde. Das auſserordentlichste indessen, was Ägina dermahlen besitzt, ist unläugbar die Gebieterin des Hauses, worin ich als dein und Aristipps Freund aufgenommen bin, und mit ausgezeichnetem Wohlwollen behandelt werde. Ihre Schönheit ist so weit über alles, was man zu sehen gewohnt ist, erhoben, daſs mir eine geraume Zeit lang bey ihrem Anblick nicht anders zu Muthe war, als mir (wie ich glaube) seyn müſste, wenn ich eine elfenbeinerne Liebesgöttin von Fidias oder Alkamenes wie lebendig vor meinen Augen herum wandeln sähe. Ich betrachtete sie mit immer neuer Bewunderung, ich hätte sie anbeten mögen; aber wie ein Mensch sich unterfangen könne sie zu lieben, oder hoffen könne von ihr geliebt zu werden, das war mir unbegreiflich. Dieses seltsame Gefühl war vielleicht die Ursache, warum die besondere Aufmerksamkeit und Herablassung, deren Sie mich, nach den ersten acht oder zehen Tagen zu würdigen schien, eine wunderliche Art von Scheu, oder wie soll ich es nennnen? bey mir erregte, die mir das Ansehen eines kalten gefühllosen Menschen geben mochte, und um so auffallender seyn muſste, weil sie in eben dem Verhältniſs zunahm, wie Lais ihre Bemühung, mir Muth und Zutrauen einzuflöfsen, verdoppelte. Da ich mir selbst lächerlich gewesen wäre, wenn ich mir auch nur im Traume mit der Liebe dieser Königin der Weiber hätte schmeicheln wollen, so gebehrdete ich mich nun desto seltsamer, je mehr ich zu fühlen anfing, dafs ich von so verführerischen Anlockungen nur zu leicht getäuscht und unvermerkt in eine hoffnungslose Leidenschaft verstrickt werden könnte. Ich unterliefs nichts, was Sie in der Meinung bestärken mufste, dafs der junge Antipater von Cyrene der einzige Sterbliche sey, an welchem ihre Reitze die gewohnte Macht verlören. Ich glaubte zu meiner eigenen Sicherheit um so mehr dazu genöthiget zu seyn, weil ich in ihrem immer gefälligern und einnehmendern Betragen gegen mich nicht die mindeste Spur von Mifsvergnügen oder Unwillen bemerken konnte: denn ich legte ihr diefs als einen planmäfsigen Anschlag aus, der mit dem Vorsatz verbunden sey, wenn sie ihre Absicht ganz erreicht haben würde, mich desto empfindlicher für meine Vermessenheit zu züchtigen.

In dieser nicht sehr natürlichen, und, die Wahrheit zu sagen, peinvollen Lage befand ich mich, als gegen Ende des Monats mein Freund Speusippus in einen Sklaven verkleidet anlangte, um, seinem Vorgeben nach, den jungen Kleofron, den Sohn seines Herren, eilends nach Sicyon abzuhohlen. Aber der wahre Zweck seiner Herüberkunft war, nachdem die nöthigen Vorkehrungen getroffen worden, daſs die Sache allen andern, auſser Lais, Aristipp, mir, und den vertrautern Hausgenossen, ein Geheimniſs bleiben muſste, den schönen Kleofron spät in der Nacht nach einer kleinen durch Gebüsche und Bäume verborgenen Wohnung abzuführen, die in einem abgesonderten Theil des an die Gärten der Lais stoſsenden Lustwaldes liegt, und wozu sie nur allein den Schlüssel hat. Hier ereignete sich ein paar Tage darauf ein natürliches Wunder, wovon gleichwohl niemand von denen, die um die geheime Entführung wuſsten, überrascht zu werden schien; der schöne Kleofron beschenkte nehmlich seinen Platonischen Liebhaber mit — einem wunderschönen Knäblein, dem zu einem kleinen Amor nichts als die Flügel fehlten, und verwandelte sich selbst, um die Rolle der Mutter mit desto besserm Anstand zu spielen, wieder in die zärtliche Lasthenia, eine von Lais erzogene junge Person, welche, vor geraumer Zeit, von einer gleich heftigen Leidenschaft für Platons Filosofie und für seinen Neffen nach Athen gezogen worden war, in männlicher Verkleidung die Akademie besucht hatte, und dort für den Sohn eines Sicyonischen Bildbauers galt. Lais, die sich mir bey dieser Gelegenheit von einer sehr liebenswürdigen Seite zeigte, übernahm die Vorsorge für Mutter und Kind, und Speusipp kehrte, eben so geheimnifsvoll als er gekommen war, nach Athen zurück, um von Zeit zu Zeit, bald in dieser bald in jener Gestalt wieder zu kommen, und im Genufs der Vaterfreuden die Beschämung zu ersticken, der Lehre seines Oheims und Meisters durch die Liebe zu — einem Mädchen ungetreu worden zu seyn.

Diese Begebenheit hatte Folgen für mich, lieber Kleonidas, die ich dir nicht verhehlen kann noch will. Die Schönheit des kleinen Speusippides, und die Scenen des menschlichsten und süfsesten aller natürlichen Gefühle, wovon ich mehr als Einmahl Zeuge war, weckten das Verlangen, auch Vater eines so holdseligen Geschöpfs zu werden, mit solcher Macht in mir auf, dafs ich mich nicht entbrechen konnte, mein Anliegen einer jungen Dirne zu entdecken, die ich öfters auf einem an unsern Wald angelehnten Hügel, neben den Schafen die sie hütete, in mädchenhafter Träumerey den Gesang der Waldvögel belauschen sah. Sie gehört dem Eurybates, auf dessen Gute sie geboren ist, an, und schien mir von der Natur mit besonderem Wohlgefallen zur Mutter eines kleinen Herkules gebildet zu seyn. — Es war wirklich hohe Zeit dafs ich sie fand: denn ich kann nicht sagen, wie lange ich es noch gegen die Circe dieser Insel ausgehalten hätte, welcher, wenn sie ihre ganze Zaubermacht gebrauchen will, ohne eine solche Gegenanstalt, in die Länge schwerlich zu widerstehen ist. Ich vertraue dir hier etwas, das ich sogar vor Aristipp verberge, wiewohl nur so lange, als es vor Lais ein Geheimnifs bleiben mufs. Du begreifst nun, dafs ich unter diesen Umständen eben keiner aufserordentlichen Weisheit noch Festigkeit des Willens nöthig habe, um meine Hippolytus-Rolle, während der kurzen Zeit, da wir noch zu Ägina verweilen werden, glücklich fort zu spielen: aber ich will auch in Aristipps Augen, so wenig als in den deinigen, kein gröfserer Held scheinen als ich wirklich bin. Der Allherrscherin Lais kann diese kleine Demüthigung nicht schaden. Sie ist von einer so grofsen Menge von Sklaven und Anbetern aller Art umgeben, dafs es für die Ehre unsers Geschlechtes allerdings nöthig scheint, dafs wenigstens Einer sie fühlen lasse, es sey nicht unmöglich die Berührung ihres Zauberstabs unverwandelt auszuhalten.

So eben ist Eurybates auf etliche wenige Tage herüber gekommen. Da er mir sehr gewogen ist, werde ich ihm mein kleines Abenteuer mit der ländlichen Deianira vertrauen, und wegen der Folgen das Nöthige mit ihm verabreden.

Aristipp scheint an dem allzugrofsen und täglich zunehmenden Gedränge von Fremden, die unsre schöne Wirthin nach Ägina lockt, so wenig Gefallen zu haben, dafs er mit Eurybates nach Athen zurückzukehren entschlossen ist. Dafs ich ihn begleiten werde, versteht sich von selbst; ich habe die Freuden der Natur, der Jugend, und des geselligen Lebens diesen Frühling überlange und rein genug genossen, um mit freyer Seele, und sogar mit einiger Ungeduld, zu meinen gewohnten Beschäftigungen zurück zu kehren.

14.

Lais an Aristipp.

Veränderung ist die Seele des Lebens, lieber Aristipp. Ich habe mich entschlossen, nach deinem Beyspiel ein wenig in der Welt herum zu schwärmen, und für den Anfang unter dem Geleit und Schutz eines mächtigen Thessalischen Zauberers eine Lustreise durch die nördlichen Theile von Griechenland zu machen. Mein Führer nennt sich Dioxippus, und könnte, seiner Jugend und Schönheit wegen vielleicht sogar einer trotzigern Tugend, als die meinige ist, gefährlich scheinen, wenn mich nicht der Umstand beruhigte, daſs er sein Geschlecht bis in die Zeiten von Deukalion und Pyrrha zurück führt, und da er also ohne Zweifel einen der menschgewordenen Steine, durch welche Thessalien nach der groſsen Fluth wieder bevölkert wurde, zum Stammvater hat, wahrscheinlich noch genug von der ursprünglichen Härte und Unempfindlichkeit desselben geerbt haben wird, um mir mit keiner übermäſsigen Zärtlichkeit beschwerlich zu fallen. Übrigens besitzt er, wie man sagt, groſse Güter in der Gegend von Larissa, und es wäre nicht unmöglich, daſs es mir wohl genug dort gefiele, um mich zu einem längern Aufenthalt bey ihm zu entschlieſsen; wär' es auch nur, um zu sehen, was ich von den berühmten Zauberkünstlerinnen dieses Landes in ihrem Fache etwa noch lernen könnte.

Mein Hauswesen zu Korinth und Ägina ist bestellt. Eine von meinen Korinthischen Pflegetöchtern hat Eufranor von mir erschlichen; die stille freundliche Chariklea schwatzte mir ein begüterter Landmann von Epidaurus ab, der schon lang' ein Aug' auf sie geworfen hatte; die rüstige Melantho wird mein Haus zu Korinth regieren, und die kleine Eudora, die sich erklärt hat, daſs nur der Tod sie von mir trennen könne, begleitet mich nach Thessalien.

Lebe indessen wohl, Aristipp, und sey versichert, wie unveränderlich auch meine Liebe zur Veränderung seyn mag, daſs meine Freundschaft für dich noch unveränderlicher ist, und daſs Lais dich nicht eher vergessen wird, als bis sie sich auf sich selbst nicht mehr besinnen kann.

15.

Learchus von Korinth an Aristipp.

Geschäfte, welche meine eigene Gegenwart forderten, lieber Aristipp, haben mich nach Ägina geführt, wo ich dich noch anzutreffen hoffte, aber erfahren mußte, daß du schon seit einiger Zeit nach Athen zurückgekehrt seyest. Unsre Freundin Lais, bey welcher ich so viele Abende zubrachte als ich in meiner Gewalt behielt, eilt beynahe zu sehr, die Beute, die sie unsern Erbfeinden abgenommen hat, unter die gesammten Griechen wieder zu vertheilen und in Umlauf zu setzen. Man wird es gewohnt, sich unter ihren eigenen Bedingungen bey ihr wohl zu befinden; aber man wird auch endlich ihrer Reitzungen gewohnt, und da sie selbst keinen Werth auf sie zu setzen scheint als in so fern sie ihr zu Befriedigung ihrer Eitelkeit dienlich sind, so läuft sie Gefahr, endlich auch den zu verlieren, welchen andere darauf zu setzen bereit waren. So sprechen wenigstens diejenigen von ihren Liebhabern, die mit dem, was sie unentgeltlich giebt, nicht zufrieden sind; und das mögen leicht so viel als alle seyn, die, seitdem sie zu Ägina lebt, einen ziemlich glänzenden Hof um sie her gemacht haben. Ich meines Orts bin ziemlich geneigt zu glauben, daſs sie, bey allem Anschein von Sorglosigkeit, ihren Stolz sehr gut mit ihrem Vortheil, so wie ihr Vergnügen mit ihrem Stolz zu vereinigen, und die Augenblicke, wo das Glück ihr irgend einen Fisch, der des Fangens werth ist, ins Garn treibt, mit aller möglichen Gewandtheit zu benutzen weiſs. Wenigstens ist dieſs dermahlen der Fall mit einem der reichsten Thessalier, der vor kurzem in Ägina erschien, und in wenig Tagen schon Mittel fand, alle seine Mitwerber weit zurück zu drängen. Wirklich hat mir dieser Dioxippus (wie er sich nennt) die Miene, im Nothfall alle seine Güter, welche keinen unbeträchtlichen Theil der reichsten Gegenden Thessaliens einnehmen, daran zu setzen, um die schönste und stolzeste Hetäre, welche Griechenland je gesehen hat, auf seine Bedingungen zu haben. Ich zweifle nicht, daſs sie ihm den Sieg schwer genug machen wird; aber ich zweifle eben so wenig, daſs sie schon entschlossen ist sich besiegen zu lassen. Beide scheinen einander bereits auf den Wink zu verstehen. Dioxippus hat ihr den Einfall eine Reise nach Delfi, Larissa, Tempe, u. s. f. zu machen, so fein beyzubringen gewufst, dafs sie sich mit guter Art gegen ihn stellen konnte, als ob es ihr eigener Gedanke wäre. Die Reise ist also beschlossen, und die Anstalten dazu werden mit der gröfsten Lebhaftigkeit betrieben. Dioxippus wird sie begleiten, und schmeichelt sich (wie er sich sehr bescheiden ausdrückt) sie werde ihm vielleicht die Gnade erweisen, eines seiner Güter in diesen Gegenden mit ihrer Gegenwart zu beglückseligen. Die getäuschten Raben sind indessen mit leeren Schnäbeln wieder aus einander geflogen, und in drey oder vier Tagen wird die Göttin, mit einem zahlreichen Gefolge von Nymfen, und, sobald sie zu Megara angelangt seyn wird, von einem Schwarm Thessalischer Reiter umflogen, die Reise nach der heiligen Stadt Delfi antreten.

Ich will lieber gleich freywillig gestehen, was ich dir doch nur halb verbergen konnte — dafs ich etwas ungehalten auf unsre Männerbeherschende Schöne bin, wiewohl mein Aufenthalt zu Ägina diefsmahl keine absichtliche Beziehung auf sie hatte. Damit ich dir aber die Mühe erspare mich defswegen auszuschelten, bekenne ich auch sogleich, dafs mein Mifsmuth ungerecht ist. Oder was für ein Recht könnten wir (ich meine mich und Meinesgleichen) haben, Ansprüche an Sie zu machen? Ist sie nicht Herr über ihre eigene Person? Und wenn ihr auch alle die herrlichen und seltnen Gaben, womit die Natur sie ausgestattet, bloſs zur Mittheilung verliehen worden wären, wer ist berechtigt ihr vorzuschreiben, wen und wann und in welchem Maſse sie durch diese Mittheilung zu begünstigen schuldig sey? Ist nicht das, was sie, durch Gestattung eines freyen Zutrittes zu ihr, für das gesellschaftliche Leben thut, schon allein unsers gröſsten Dankes werth? Macht sie nicht einen schönen, edeln und bis zum Übermaſs freygebigen Gebrauch von den Reichthümern, die ihr das Glück, das eben so verschwenderisch gegen sie war als die Natur, zugeworfen hat? Welche Vortheile zieht nicht Korinth, das durch sie gewisser Maſsen zur Hauptstadt von Griechenland wird, bloſs davon, daſs die schöne Lais es zu ihrem gewöhnlichsten Sitz erwählt hat? Und wie viel hat sie nur allein dadurch, daſs sie sich Mahlern und Bildnern mit so vieler Gefälligkeit als Modell darstellt, zu Vervollkommnung der Kunst und zur Verschönerung unsrer Tempel und Galerien beygetragen? — Du siehst also, Aristipp, daſs meine selbstsüchtige üble Laune mich wenigstens nicht ungerecht und undankbar gegen ihre mannigfaltigen Verdienste macht, und du wirst die Großmuth, womit ich sie gegen mich selbst zu rechtfertigen suche, hoffentlich auch mir für ein kleines Verdienst gelten lassen.

Meine Verrichtungen führen mich von hier nach Salamin, von wo ich dir und der Akademie einen fliegenden Besuch zu machen gedenke. Im Vorübergehen hoff' ich auch den Sonderling Diogenes zu sehen, von welchem mir die hier anwesenden Athener so viel seltsames erzählt haben, daſs ich groſse Lust hätte, ihn den Korinthiern als ein neues Wunderthier aus Lybien zu zeigen, wenn ich ihn überreden könnte mich zu begleiten. Lebe wohl!

16.

Kleonidas an Aristipp.

Ich danke dir für die Mittheilung deines Antiplatonischen Symposions, worin du ungefähr alles Gute und alles Böse, was sich von dem Meisterstück des Attischen Filosofen sagen läſst, mit nicht geringerer Beobachtung des Schicklichen als er selbst in Vertheilung der Rollen bewiesen hat, der damahligen Tischgesellschaft unserer Freundin in den Mund legst. Was du in deinem Brief an Eurybates bescheidener Weise für einen Nachtheil deines Gastmahls in Vergleichung mit dem Platonischen ausgiebst, daſs es nehmlich durchaus das Ansehen eines freyen, unvorbereiteten, kunst- und anspruchlosen Tischgespräches hat, scheint mir eher ein Vorzug zu seyn, auf welchen du, in so fern die Kunst (wie ich nicht zweifle) auch an dem deinigen Antheil hat, dir vielmehr etwas zu Gute thun könntest. Ausführliche methodische Behandlung und Erschöpfung des Stoffes der Unterredung schickt sich auf keine Weise für ein Gespräch dieser Art; aber desto lobenswürdiger ist es, wenn die redenden Personen, indem sie nur mit leichtem Fuſs über den Gegenstand hin zu glitschen scheinen, dennoch alles sagen, was den Zuhörer auf den Grund der Sache blicken läſst, und in den Stand setzt, sich jede Frage, die noch zu thun seyn könnte, selbst zu beantworten.

Das Mährchen von Amor und Psyche, womit Lais die Unterredung so innig und anmuthig schlieſst, ist eines von den wenigen, wo die dichterische Darstellung mit der mahlerischen in Einem Punkte zusammentrifft, und beide Künste, so zu sagen, herausgefordert werden, welche die andere zu Boden ringen könne. Ich habe der Versuchung nicht widerstehen wollen, die zwey auf einander folgenden Augenblicke, von welchen diefs vorzüglich gilt, in den zwey Gemählden darzustellen, die du sogleich mit diesem Brief erhalten wirst. Ich habe ihnen noch zwey andere beygelegt, wovon die Scene in meinem eigenen Hause liegt, und die, wie ich gewifs bin, eben dadurch desto mehr Anmuthendes für dich haben werden. Jene kannst du, deines Gefallens, entweder für deine kleine Galerie behalten, oder an Learchen abgeben, der, (wie ich höre,) etwas von mir zu haben wünschet.

In dem kleinen Familienstück ist die Figur, die mich selbst vorstellt, von der Hand meiner Schwester Kleone. Das Mädchen zeigte, nachdem sie einige Zeit in meinem Hause gelebt hatte, so viele Lust und Anlage zu meiner Lieblingskunst, dafs ich nicht umhin konnte ihr einige Anleitung zu geben. Sie hat bereits ziemliche Fortschritte gemacht, und ist, wie du siehest, auf gutem Wege, ihrem Lehrmeister gerade darin, worin er sich etwas geleistet zu haben schmeichelt, den Rang abzugewinnen. Sie war eben in Musarions Kinderstube mit einer kleinen Arbeit beschäftigt, als mich der Zufall mit dem süſsen Anblick begünstigte, den ich in diesem Gemählde, wenigstens so lange die Farben aushalten, zu verewigen gesucht habe. Als ich mit der Mutter und den Kindern fertig war, fand die kleine Hexe Gelegenheit sich in mein Arbeitszimmer zu schleichen, und, während ich auf ein paar Tage abwesend war, mich selbst der holdseligen Gruppe als einen sehr warmen Antheil nehmenden Zuschauer beyzufügen. Aber der Kreter kam an einen Ägineten, wie das Sprichwort sagt. Ich überschlich sie dafür wieder, da sie in einer Laube unsers Gartens, allein zu seyn meinend, ein Bild, woran sie eben gearbeitet hatte, mit einem Ausdruck, den ich nicht beschreiben kann, den ich aber mit dem Pinsel zu erhaschen suchte, betrachtete. Sie weiſs nichts von dem kleinen Streiche, den ich ihr gespielt habe. Ich gestehe dir meine Schwachheit, Aristipp; ich liebe das Mädchen so sehr, daſs ich nicht ruhig bin, bis alle meine Freunde wissen wie liebenswürdig sie ist.

17.

Aristipp an Learchus.

Antipater kann dirs noch nicht vergessen, dafs du ihm seinen Freund Diogenes entführt hast. Er besorgt, die Korinther möchten noch leichtfertiger seyn als die Athener, und das Schätzbare dieses genialischen Sonderlings vor dem Lächerlichen nicht gewahr werden. Ich hätte sagen sollen er wünscht es heimlich, weil er hofft, ihn desto eher nach Athen zurückkehren zu sehen. Ich glaube das Gegentheil. Die Einwohner großer Handelsplätze wie Korinth, sind so sehr gewohnt, Menschen von allen möglichen Gesichtern, Gestalten und Farben, Trachten, Sitten, Sprachen und Mundarten um sich zu sehen, dafs auch der übertriebenste Sonderling ihnen weniger auffallen mufs als den Athenern, die alles, was nicht Attisch ist, schon aus diesem Grund allein lächerlich und verächtlich finden.

Du bezeugtest, als du vor einiger Zeit die Gemählde meiner kleinen Halle besahst grofses Verlangen ein paar Stücke von meinem Freunde Kleonidas (dem Mahler des sterbenden Sokrates) um jeden Preis, den er darauf setzen wollte, zu besitzen. Ich übersende dir hier zwey, die ich so eben von ihm erhalten habe, und lege ihnen, zu besserm Verständnifs ihres Sinnes, die Abschrift eines Milesischen Mährchens bey, welches die schöne Lais verwichnen Frühling einer kleinen bey ihr versammelten Gesellschaft, aus Gelegenheit eines Gesprächs über die Liebe, zu erzählen die Gefälligkeit hatte. Wenn du es gelesen hast, wirst du, in dem einen dieser Bilder, die von der Furie des Vorwitzes von der Seite ihres noch unbekannten Gemahls weggerissene Psyche, — in dem Augenblick, da sie über ihn hergebückt den Gott der Liebe in ihm entdeckt, und vor Entzücken und Schrecken zitternd einen Öhltropfen aus der Lampe in ihrer Hand auf seinen Busen fallen läfst, — so war und schön dargestellt finden, dafs ihm nur das Seitenstück dazu — wo Amor, einen zugleich mitleidigen und zürnenden Blick auf die bestürzte und die Arme vergebens nach ihm ausstreckende Psyche werfend, davon fliegt — an Schönheit und Stärke der Wirkung zu vergleichen ist. Wenn diese Bilder dir nur halb so wohl gefallen wie mir, (sonst hat sie noch niemand hier gesehen) so sind sie um jeden mäſsigen Preis, den du selbst bestimmen willst, dein. Übrigens gesteh ich dir unverhohlen, daſs ich mich so leicht nicht von ihnen trennen könnte, wenn ich nicht noch zwey andere Stücke erhalten hätte, die als Kunstwerke jenen nicht nachstehen, aber noch auſser dem einen Werth für mich haben, den sie für keinen andern haben können. Das eine stellt meinen Kleonidas in einem schönen Augenblicke seines häuslichen Glückes vor; das andere ist das Bildniſs seiner Schwester, eines lieblichen talentvollen Mädchens von siebzehn Jahren. Sie sitzt unter einer Rosenlaube, mit einer Tafel auf den Knieen, worauf sie das Bild einer Person, an welcher sie warmen Antheil nimmt (vermuthlich ihres Bruders) zu zeichnen begriffen ist, wiewohl es eben so wohl eine geliebte Freundin seyn könnte; denn was es vorstellen soll, ist nur angedeutet als ob es in einem Nebel zerflieſse. Ich habe nie etwas so sanft anziehendes gesehen als dieses Mädchen; es ist eben so schwer die Augen wieder von ihr abzuwenden, als nicht zu wünschen, daſs man derjenige seyn möchte, dessen Züge sie nach einem ihrer Seele vorschwebenden Bilde mit Liebe zu kopieren scheint.

Wenn du Nachrichten von unsrer wandernden Freundin hast, so wirst du mich durch ihre Mittheilung verbinden. Ich müſste mich sehr irren, wenn sie es bey ihrem Thessalischen Zauberer so lange ausdauerte, als bey dem fürstlichen Perser, der so groſse Vorzüge in sich vereinigte, und sie doch nicht länger als zwey Jahre fest halten konnte. Ihr andern edeln Söhne von Korinth werdet ja auch noch an den Reihen kommen; wenigstens hat sie euch lange genug umsonst dienen lassen, oder doch nur mit Fasianischen Hühnern und Kopaischen Ahlen abgespeist, woran ihr ohnehin keinen Mangel habt.

18.

Learchus an Aristipp.

Die Gemählde sind glücklich angelangt, und bereits in meinem groſsen Sahl mitten unter den Werken der berühmtesten Meister aufgestellt. Ich danke dir sehr, lieber Aristipp, daſs du mir vor andern Liebhabern den Vorzug hast geben wollen; und auch das ist mir lieb, daſs die Athener diese Juwelen der Kunst nur bey mir zu sehen bekommen können. Ich übermache dir eine in Cyrene zahlbare Anweisung auf drey tausend Drachmen; wär' ich ein König, so sollten's dreyſsig tausend seyn, und ich würde diese Bilder doch noch lange nicht nach ihrem wahren Werth bezahlt zu haben glauben. Unsre reichsten Kunstsammler erkundigen sich, nicht ohne Neid, nach dem Meister und dem Preise: ich sage ihnen, daſs der Meister nicht genannt seyn wolle, und nicht auf den Kauf arbeite. Eufranor, der die Kunst zu sehr liebt, um einer andern Eifersucht als der edeln, schon von dem alten Hesiodus angerühmten, fähig zu seyn, findet, daſs an beiden Stücken vieles höchlich zu loben, und wenig oder nichts zu tadeln sey; denn über das, was allenfalls getadelt werden könnte, lasse sich, sagt' er, noch lange streiten. So tadelte z. B. Jemand, daſs von dem Entzücken über den unverhofften Anblick des Liebesgottes und der Angst vor seinem Erwachen, wovon das Mährchen spricht, nur das erste in Psychens Gesicht ausgedruckt sey; aber Eufranor behauptet, es wäre unmöglich gewesen beides in eben demselben Augenblick ohne Verzerrung auszudrücken, und der Mahler sey der Natur und dem Gesetz der Kunst gefolgt, indem er jenen Ausdruck vorgezogen habe; zumahl da das Zittern der Hand, wovon der fallende Öhltropfen die Folge war, eben so gut von einer frohen Überraschung als einer Anwandelung von Furcht habe bewirkt werden können. Mehr zu verlangen, sagte er, wäre eben so viel als wenn man fordern wollte, der Mahler hätte ihre Hand zittern lassen sollen. Vorzüglich bewundert Eufranor an dem zweyten Stücke den Gedanken, das Ganze bloſs von dem Aufflackern der Lampe, die, der Psyche (indem sie die Arme nach dem fliehenden Amor ausstreckt) aus der Hand fiel, und eben verlöschen wird, von unten auf beleuchtet werden zu lassen, welches eine eben so neue und auffallende Wirkung thut, als es schwer auszuführen war. Er hat nicht von mir abgelassen, bis ich ihm erlaubt habe, von beiden Gemählden eine Kopey in eingebrannten Wachsfarben zu machen; einer noch nicht lang' erfundenen Kunst, worin er es bereits zu einer groſsen Nettigkeit der Ausführung gebracht hat.

Lais (die mir vor ihrer Abreise die Oberaufsicht über ihre häuslichen Angelegenheiten auftrug) meldet mir von Larissa aus, wo sie den Winter sehr angenehm zugebracht zu haben versichert, daſs sie im Begriff sey, nach Farsalia abzugehen, und sich in diesem dichterischen Lande, der Scene so vieler alter Wundersagen und heroischen Abenteuer, dem Lande wo Deukalion und Pyrrha das Menschengeschlecht wieder herstellten, und Apollo die Herden des Admet hütete, so wohl gefalle, daſs sie noch nicht ans Wiederkehren denken könne. Sie scheint sehr wohl mit den edeln Thessaliern, aber desto schlechter mit dem weiblichen Theile der Nazion zufrieden zu seyn; sie findet die Weiber dieses Landes weder schön noch geistreich und gebildet genug, um ihre ausschlieſslichen Ansprüche an die Zauberkunst der Liebe behaupten zu können. Das Wahre ist, daſs eine so gefährliche Fremde wie Lais, die in keiner andern Absicht gekommen scheint, als ihnen die reichsten und freygebigsten Männer des Landes vor ihren Augen wegzuangeln, eine allgemeine Empörung der Weiber gegen sich erregt, deren Folgen zu entgehen sie diesen Sommer unter dem Schutze des mächtigen Dioxippus auf einem seiner Güter in der Gegend von Farsalia zuzubringen gedenkt. Ich zweifle nicht daſs dieſs das rechte Mittel ist, sie vor Anfang des Winters wieder in Korinth zu haben. Ich wünsch' es, bloſs weil ich sehen möchte was sie mit meinem verrückten Sokrates anfangen wird, und ob sie sich des Versuchs wird enthalten können, auch ihn vor oder hinter ihren Siegeswagen spannen zu wollen. Dein Antipater wird sich in seiner Meinung von den Korinthern betrogen finden. Diogenes lebt hier noch freyer und ungeneckter als zu Athen, und es gefällt ihm so wohl bey uns, daſs er von der allgemeinen Einladung, die er von einigen unsrer besten Häuser erhalten hat, schon zwey oder drey Mahl Gebrauch gemacht, und wenn ihm die Laune dazu ankam, von freyen Stücken bey groſsen Gastmählern erschienen ist; wo er zwar von seiner gewöhnlichen Diät so wenig als möglich abweicht, aber durch die Gewandheit seines Witzes, die Freyheit seiner Zunge, und die seltsamen Einfälle, wovon er einen unerschöpflichen Vorrath zu haben scheint, sich so angenehm macht, daſs seine Erscheinung eine desto lebhaftere Freude unter den Gästen verursacht, je karger er mit dieser Gefälligkeit ist. Denn so weit hab ich selbst (wiewohl er mich mehr als andere begünstigt) es nicht bey ihm bringen können, daſs ich meine Freunde auf ihn zu Gaste bitten dürfte. Antipater wird hieraus ersehen, daſs er sich so bald keine Hoffnung zu einer Schwimmpartie nach Psyttalia mit unserm neuen Schutzverwandten zu machen hat, und dafs er selbst zu uns wird herüber schwimmen müssen, wenn er sehen will, wie gut die Isthmische Luft seinem Freunde zuschlägt.

19.

Aristipp an Kleonidas.

Wenn deine Absicht war, mich mit den Gemählden, die ich durch den Schiffer Xanthus erhielt, wie mit unwiderstehlichen Zauberketten nach Cyrene zurück zu ziehen, so schwör' ich dir zu, dafs du sie völlig erreicht hast. Sie haben die Erinnerungen an dich und deine Musarion so lebendig in mir aufgefrischt, dafs alle meine andern Gedanken vor ihnen verlöschen, und alles, was ich um mich her sehe, mir schal und ungeniefsbar wird. Oft möcht' ich auf deine Kunst zürnen, dafs die Zauberin, die dem blofsen gefärbten Schatten so viel Lebenähnliches geben konnte, ihnen nicht auch das, was zum Leben noch fehlt, zu geben vermochte; dafs ich die Rede, die auf den Lippen deines Bildes zu schweben scheint, nicht mit meinen Ohren höre, und der Freund, den ich an meine Brust drücken will, ein blofses Blendwerk ist. Unwillig reifs' ich mich dann von diesen Bildern los, bey denen ich oft Stundenlang verweile, und kehre doch immer wieder zurück, als ob ich hoffte sie nun lebendiger zu finden. Kurz, lieber Kleonidas, dein Geschenk hat meine Weisheit aus dem Gleichgewicht, worauf ich sonst immer ein wenig grofs zu thun pflegte, heraus gehoben, und ich sehe wohl, mir ist nicht anders zu helfen, als dafs ich meine hiesigen Geschäfte so schleunig als möglich zu Ende bringe, ein eigenes Jachtschiff miethe, und mit dem ersten besten Nordwestwind nach dem Lande zurückfliege, das meine Liebe zu euch, weit mehr als das Ungefähr der Geburt, zu meinem wahren Vaterlande macht.

Das holde Familienbild und die liebliche junge Mahlerin haben mich zwar nicht blind gegen die Reitze deiner Psyche gemacht, aber doch so viel bewirkt, dafs ich mich zu Gunsten meines Korinthischen Freundes Learchus leichter von ihr trennen konnte, der sie zu besitzen verdient, und ganz glücklich dadurch ist. Die drey tausend

Drachmen, die du gegen seine Anweisung ausgezahlt erhalten wirst, sind der Preis, den er selbst dafür bestimmt hat. Da er die Bilder als Geschenk nie angenommen haben würde, so hielt ich für das Schicklichste, ihm die Schätzung derselben anheim zu stellen: und ich finde dafs er sich, ohne zu viel zu thun, auf eine edle Art aus der Sache gezogen hat. Er hat wirklich Sinn für ächte Kunst; und überdiefs schmeichelt es seinem Stolze, dafs er (Lais allein ausgenommen) der Einzige in Griechenland ist, der etwas von deiner Hand aufweisen kann.

Dafs mir die beiden Stücke, die ich für mich behalte, zu heilig sind um in meiner Galerie aufgestellt zu werden, trauest du mir zu ohne dafs ich es sage. Antipater ist der einzige, der das Familienbild gesehen hat; aber ihm auch die Mahlerin sehen zu lassen, kann ich nicht über mich gewinnen. Sie steht in meinem Schlafzimmer, in einem Schranke verborgen, der, seitdem er dieses Kleinod verwahrt, täglich so oft aufgeschlossen wird, dafs du über meine Kinderey lachen würdest, wenn ich dir sagte wie oft. Mich dünkt die Kunst hat noch nichts vollendeters hervorgebracht als dieses kleine Bild. Vollendet — ja, das ist es — aber ich habe dir doch nicht das rechte Wort gesagt; nichts anziehenders, wollt' ich sagen — was hielt mich zurück? — Ist mein Vorwitz zu wissen, wer der glückliche ist, mit dessen Zügen die liebenswürdige Kleone sich so theilnehmend beschäftigt, unbescheiden, so lafs dein Stillschweigen meine Strafe seyn.

Ich lege diesem Brief eine Abschrift dessen bey, den ich von Learchen über die Gemählde erhalten habe; vornehmlich, weil er uns Nachricht von unsrer reisenden Circe giebt, die den Thessalischen Zauberinnen zeigt, dafs sie in ihrer eigenen Kunst, gegen eine Meisterin wie Sie, nur Pfuscherinnen sind.

20.

Kleonidas an Aristipp.

Wenn unsre Freunde oder Verwandten in einem lebenssatten Alter ohne Reue, indem sie ins Vergangene, ohne Kummer, wenn sie vorwärts blicken, die Welt verlassen, so sollte der Gedanke, dafs wir nie hoffen konnten sie von dem allgemeinen Loose der Menschheit ausgenommen zu sehen, billig zu unser Beruhigung hinreichend seyn.

Nach dieser kleinen Vorrede, lieber Aristipp, wirst du, wie ich hoffe, die Nachricht, dafs dein achtzigjähriger Oheim zu leben aufgehört, und dich nebst deinem Bruder zu einzigen Erben seines ansehnlichen Vermögens eingesetzt hat, blofs als einen Ruf des Schicksals aufnehmen, dein Vorhaben, bald nach Cyrene zurück zu kehren, desto bälder auszuführen. Vermöge seines letzten Willens ist dir sein schönes Haus in der Stadt und sein nur wenige Stadien von derselben entferntes Landgut zum Voraus vermacht: und dein Bruder, der dich zu gut kennt, um deine Weigerung nicht voraus zu sehen, läfst dir wissen, dafs er euerm Oheim sehr ernstlich angelegen habe, dir die ganze Erbschaft zu hinterlassen, und dafs er also um so fester über dem Buchstaben des Testaments halten werde, da er durch das grofse Vermögen seiner Frau ohnehin reicher sey, als es einem Bürger eines kleinen Freystaats zustehe.

Nach dieser Erklärung, die dein Bruder bereits öffentlich gethan hat, würde es dir als eine blofse Ziererey aufgenommen werden, wenn du dich nicht mit guter Art fügen wolltest; zumahl da ganz Cyrene das Benehmen deines Bruders höchlich billiget, und sich darauf freut, dich künftig auf immer bey uns festgehalten zu sehen.

Das Gut wirft wegen seiner Nähe an der Stadt jährlich über zwey Talente ab, das Haus ist eines der besten in Cyrene, und, wie mir dein Bruder sagt, so kommen von dem übrigen Nachlaſs wenigstens vierzig Talente auf deinen Antheil. Du wirst also auf einen hübschen Fuſs in deiner Vaterstadt leben, und (was mir vorzüglich Freude macht) uns deine Sokratische Filosofie und deinen eigenen Geist unentgeltlich zum besten geben können. Das Glück thut äuſserst selten so viel für Männer deines Schlages; du bist weise genug, daſs du es entbehren konntest; aber Sokrates selbst hätt' es schwerlich von sich gestoſsen, wenn es ihm so ungesucht in die Arme gelaufen wäre.

Musarion ist beynahe ein wenig ausgelassen vor Freude, und wirkt und webt und stickt mit ihren Mägden über Hals und Kopf, um ihre kleinen Amorinen auf deine Ankunft recht heraus zu putzen. Auch Kleone nimmt ihren Antheil an unserm Vergnügen, und scheint kaum der persönlichen Bekanntschaft zu bedürfen, um eine so gute Meinung von dir zu begen, als einem viel eitleren Mann als du bist genügen könnte. In der That kennt sie dich, da sie alle deine Briefe an mich gelesen und wieder gelesen hat, bereits so gut, dafs ihre Fantasie nur sehr wenig von der kleinen Parteylichkeit für dich zu verantworten hat, deren sie zuweilen im Scherz von Musarion und mir beschuldiget wird.

Deine Neugier, ob das Bildnifs, woran sie in dem Gemählde zu arbeiten scheint, einen Freund oder eine Freundin vorstelle, hätte mich beynahe vergessen gemacht, dafs Kleone nicht weifs dafs ich sie gemahlt habe, geschweige dafs du im Besitz dieses Bildes bist. Du siehest leicht, dafs beides ein Geheimnifs vor ihr bleiben mufs, wenn sie in ihrer ganzen holden Unbefangenheit vor dir erscheinen soll. Übrigens mufs ich dir sagen, dafs die nachdenkliche und theilnehmende Miene, die dir an ihrem Bilde aufgefallen zu seyn scheint, der gewöhnliche Ausdruck ihres Gesichtes ist, und eigentlich nichts weiter sagt, als dafs sie sich immer in einem Zustande von Besonnenheit und reiner Zusammenstimmung mit der ganzen Natur befindet. Sie ist immer in sich selbst ruhend, aber immer bereit sich mit andern zu freuen oder zu betrüben. Ich kann mich nicht erinnern, sie jemahls weder gleichgültig noch in Leidenschaft gesehen zu haben. Sie ist nichts weniger als zurückhaltend, und ich bin ihres Zutrauens zu mir so gewiſs, daſs ich, es für unmöglich halte, daſs sie irgend eine Neigung in ihrem Herzen nähren sollte, die sie vor mir oder Musarion verheimlichen müſste. Auf alle Fälle rathe ich dir indessen auf deiner Huth zu seyn. Denn wenn du sie in einem spangenhohen Bilde schon so anziehend findest, was wird es erst seyn, wenn du sie selbst in Lebensgröſse siehest, und die Musik der Peitho hörest die auf ihren Lippen sitzt?

Dein edler Bruder, dem es an Zeit fehlt, dir selbst zu schreiben, ersucht mich dir zu melden, er habe alle Verfügungen getroffen, daſs du bey deiner Ankunft, wenn sie auch so bald erfolgt als wir wünschen, deine beiden Häuser zu deinem Empfang bereit und ausgeschmückt finden werdest.

21.

Antipater an Diogenes.

Anstatt Aristippen mit diesem Briefe an dich zu belästigen, würde ich ihn selbst nach Korinth begleitet haben, wenn meine rhetorischen Übungen bey Isokrates mich nicht an die Minervenstadt fesselten.

Du wirst aus seinem eignen Munde vernehmen, daſs er bloſs nach Korinth gekommen ist, um von seinem und deinem Freund Learchus Abschied zu nehmen, und nach unsrer glücklichen Vaterstadt zurück zu kehren, wohin ich mir nicht eher erlauben werde ihm zu folgen, bis ich mir bewuſst bin, die Ausbildung unter den Griechen erhalten zu haben, die mich am geschicktesten machen kann, meinen Mitbürgern einst in öffentlichen Geschäften nützlich zu seyn. Diejenige Gattung von Beredsamkeit, worin Isokrates alle seine Mitwerber hinter sich läſst, die Kunst das Vertrauen und die Beystimmung der Zuhörenden mehr durch klare, leicht faſsliche und zierliche Entwicklung der Sache zu gewinnen, als ihrer Einbildungskraft durch ein magisches Farbenspiel und eine künstlich verfälschende Beleuchtung nachzustellen, oder die Gemüther durch einen Strom von Bildern, Redefiguren und leidenschaftlichen Ergiefsungen mit sich fortzureifsen, — ich sage, diese Gattung von Beredsamkeit, der es mehr um Wahrheit als Schein, mehr um Überredung als Überwältigung, aber weniger um Überredung als Überzeugung des Zuhörers zu thun ist, scheint für Republiken wie Cyrene ganz eigentlich gemacht, aber auch ein unnachläfsliches Erfordernifs zu einem Staatsmann in solchen Republiken zu seyn. In dieser Rücksicht ist vielleicht Isokrates selbst noch zu attisch; ich meine damit, er läfst sich von der angebornen Redseligkeit der Athener und ihrem leidenschaftlichen Hang zum Schönsprechen, natürlicher Weise also von der Begierde auf diesem Wege zu gefallen, und seine Mitbürger durch schöne Bilder, zierliche Gegensätze, ausgesuchte Worte, und künstlich gedrechselte, dem Ohr schmeichelnde Perioden zu bezaubern, vielleicht mehr beherrschen als er sollte. Wenigstens möcht' ich ihn, wie viel auch in der Kunst von ihm zu lernen ist, nicht ohne Einschränkung zu meinem Muster nehmen, wenn ich einst in Cyrene öffentlich zu reden haben werde. Aristipp hat mich daher aufgemuntert, auch Platons Schule fleifsiger zu besuchen als ich bisher gethan habe. Er ist der Meinung, Platons Unterricht über Gesetzgebung und Staatsverwaltung — wiewohl er auch in diesem Fach alles auf idealische Vollkommenheit hinaufschraubt, könnte mir doch einen zwiefachen Nutzen schaffen: Einmahl, in so fern es gut und sogar nöthig ist, das Höchste, wornach man streben soll, wenn man es gleich nie erreichen wird, wenigstens zu kennen, damit man den festen Punkt immer im Auge habe, dem man sich unverwandt zu nähern sucht; und dann, weil Aristipp die scharfen Begriffe und strengen Grundsätze, an welche man sich bey Platon gewöhnt, für ein gutes Mittel hält, sich vor den willkührlichen Ansichten und blofs auf Meinung und Vortheil des Augenblicks gegründeten Vorstellungen, womit die Redner sich gewöhnlich behelfen, zu verwahren, die Redekunst in ihre wahren Grenzen einzuschliefsen, und zu verhüten, dafs sie nicht in leeres Wortgepräng oder hinterlistige Sofistik ausarte. Ich finde diefs alles so einleuchtend, dafs ich entschlossen bin, meinen gegen Platons Art zu filosofieren gefafsten Widerwillen zu überwinden, und den politischen Vorlesungen, die er seit kurzem angefangen hat, um so fleifsiger beyzuwohnen, da mir Isokrates selbst, vermuthlich aus ähnlichen Beweggründen, mit seinem Beyspiel vorgeht. Du siehest hieraus, lieber Diogenes, daſs diese Beschäftigungen mich noch eine geraume Zeit in Athen zurückhalten werden, ob es schon durch deine und Aristipps Entfernung seinen gröſsten Reitz für mich verloren hat. Speusipp und Eurybates sind nun beynahe die einzigen, mit denen ich in näherer Verbindung stehe, und bey denen ich manchen angenehmen Abend zubringe. Aus einem Briefe von Learch an Aristipp hat dieser mich ersehen lassen, daſs du dir in Korinth gefällst, und daſs sich die Leute dort ganz artig gegen dich aufführen. Da du, mit aller deiner Misanthropie, im Grund' eine gute Seele bist, so zweifle ich nicht, diese Gastfreundlichkeit der Korinther gegen dich, die mir eine sehr gute Meinung von ihnen giebt, werde auch dich immer artiger gegen sie machen. Es käme vielleicht auf ein paar Raupenhäute an, die du noch abzustreifen hättest, so würde Plato selbst einen zweyten Sokrates, gerade so einen, wie wir ihn für unsre Zeit nöthig haben, in dir erkennen müssen. Lebe wohl, und gedenke deines Antipaters, wenn dich einmahl die Laune einen Brief zu schreiben anwandeln sollte.

22.

Diogenes von Sinope an Antipater.

Meiner Laune halben hättest du schon lang' einen grofsen Brief von mir, Antipater, wenn ich nur jedes Mahl, so oft sie mich ankam, etwas bey der Hand gehabt hätte, worauf und womit man schreiben kann. Endlich bin ich auf einer meiner Lustreisen nach dem Eselsberg so glücklich gewesen, ein ziemliches Stück glatter Baumrinde (die Oreaden mögen wissen von welchem Baume!) zu finden, und einen scharfen Kiesel, womit ich dir diesen Brief so leserlich auf die Rinde zu kratzen beflissen bin, dafs du, mittelst einer mäfsigen Gabe Räthsel zu errathen, so ziemlich mit meinem Geschreibe zu Rande kommen wirst.

Die Korinther haben mich bisher nach meiner Weise leben lassen, das mufs ich ihnen nachrühmen; doch käm' es nur auf mich an, nach der ihrigen zu leben; d. i. mich alle Tage mit den leckersten Schüsseln anzufüllen und in den köstlichsten Weinen zu betrinken, wenn ich mich von allen begüterten Prassern dieser unermeſslich reichen Stadt der Reihe nach einladen lassen wollte, um ihnen die Ausgabe für die Lustigmacher zu ersparen, deren sie gewöhnlich einen oder zwey bey ihren Schmäusen anstellen, um für bare Bezahlung durch witzige und unwitzige Possen den Gästen verdauen zu helfen. Wie lange sie oder ich es aushalten würden, ist ihr geringster Kummer.

Du wirst schon gehört haben, daſs Lais, von ihrem Centauren bis an die Grenze des Isthmus begleitet, wohlbehalten aus Thessalien zurückgekommen ist. Aber was du schwerlich gehört hast — ich wollte dirs wohl ins Ohr sagen — wenn's nur nicht einer gar zu unglaublichen Prahlerey ähnlich sähe. Und doch geschehen Dinge in der Welt (sagen unsre alten Nestorn) die der tollste Poet nicht zu erdichten wagen würde, noch, ohne für einen Stümper in seiner Kunst gehalten zu werden, wagen dürfte. Bilde dir ein, daſs mir so etwas mit der schönen Lais begegnet sey, 9) und laſs übrigens diese Sache, so wie das sonderbare Briefchen der Dame, das ich dir hier zu meiner Rechtfertigung mittheile, ein so heiliges Geheimniſs seyn, als ob es dir von dem Hierofanten zu Eleusis mitgetheilt wäre.

23.

Lais an Diogenes von Sinope.

Das war ein wunderliches Ereigniſs, das sich zwischen uns begeben hat, meinst du nicht, Diogenes? Eines von denen, die einen weisen Mann an seinen eigenen Sinnen irre machen, und das du hoffentlich nur geträumt zu haben glaubst. — Wie? was unter allen diesen stolzen, reichen, schönen und schimmernden Abkömmlingen von Göttersöhnen, die du täglich bey mir ein- und ausgehen siehst, in mehreren Jahren auch nicht Einer um keinen Preis erhalten konnte, sollte Diogenes, der Cyniker, binnen wenigen Wochen, ohne alle Mühe und Arbeit, durch bloſse Laune des Zufalls oder Gunst eines schwachen Augenblicks erschlichen haben? Welche Wahrscheinlichkeit? — Gleichwohl geschehen auch unwahrscheinliche Dinge, und da das Geschehene am Ende doch immer unter die natürlichen Dinge gehört, so laſs uns wie ein Paar verständige Personen mit einander darüber filosofieren.

Du bist, mit aller deiner Unverschämtheit, ein Mann, der sich nicht mehr dünkt als er ist, und mich kennst du bereits genug, um dich nicht zu verwundern, dafs ich unter deiner rauhen strüppichten Hülle das feine Gefühl sehr bald ausfindig gemacht habe, das du darunter zu verbergen suchst. Du kannst von mir nicht schlecht denken. So wenig du dich für einen Nireus oder Faon halten kannst, so wenig kann es dir einfallen, dafs Lais von deinen breiten Schultern und Paflagonischen Markknochen bezaubert worden sey. — Aber Lais (denkst du) und wenn sie eine Göttin wäre, ist am Ende doch — ein Weib, und ein Weib hat Augenblicke, wie selten und kurz sie auch seyn mögen, wo sie ohne zu wissen wie noch warum — schwach ist, und, blofs darum weil sie sich dessen nicht versah, ausglitschen kann.

Wenn du so denkst, Freund Diogenes, und die Rede wäre von zehen tausend und zehnmahl zehen tausend andern Weibern, so hättest du Recht; aber wenn du es von Lais denkst, so irrest du himmelweit. Ich habe in meinem Leben keinen schwachen Augenblick dieser Art gehabt. Die meinigen, wenn man sie so nennen könnte, haben mit jenen nichts gemein als — die Wirkung. Ich sagte mir selbst: Was sind alle diese Menschen die an mich Ansprüche machen, ihrem innern Gehalt nach, gegen diesen armen Paflagonier, auf den sie so vornehm herunter sehen! Und doch würde es Diogenes für die lächerlichste Anmaſsung halten, wenn ihm einfiele, sich unter jene Übermüthigen zu stellen, die ein Recht an mich zu haben wähnen, weil ich schön und reitzend bin, und in zwangloser Freyheit lebe. Seine Bescheidenheit soll belohnt werden! Der Mann, der, um den Göttern ähnlich zu werden, ein elendes Leben führt, soll einen Augenblick in seinem Leben gehabt haben, wo er ihnen an Wonne ähnlich war." — Hier hast du das ganze Geheimniſs, mein guter Cyniker! — Mache nun einen weisen Gebrauch davon, und, um deiner selbst willen, suche nie wieder mich allein zu finden.

24.

Kleonidas an Antipater.

Aristipp ist glücklich in Cyrene angekommen, und hat durch sein Wiedersehen und den Entschlufs uns nie wieder zu verlassen, das Glück seiner Freunde verdoppelt. Die ganze Stadt nimmt Antheil an unsrer Freude; man drängt sich ihn zu sehen, zu begrüfsen, zu Gaste zu bitten, und überall, wo er zu finden ist, aufzusuchen; und er hat sich in Zeiten auf ein entfernteres Landgut seines Bruders flüchten müssen, um den allzulästigen Beweisen zu entgehen, welche ihm seine Mitbürger von ihrer Achtung und Zuneigung zu geben sich beeifern. Das alles wird sich in kurzer Zeit setzen; man wird nur zu bald gewohnt werden Aristippen unter uns zu sehen, und der nehmliche Mann, den die öffentliche Meinung jetzt zum Abgott der Cyrener macht, wird ihnen in einigen Jahren ein Bürger seyn wie tausend andere, und vielleicht aller seiner Anspruchlosigkeit und Bescheidenheit nöthig haben, um für seine

Vorzüge, und für alles wodurch er seinem Vaterland Ehre macht, Verzeihung zu erhalten. So ist die grofse Mehrheit der Menschen, lieber Antipater! Wir wollen uns nicht darüber ärgern dafs sie nicht anders sind als sie können.

Aristipp schickt sich trefflich in seinen neuen Hausstand, und wird uns, wie ich nicht zweifle, durch das Beyspiel eines nach edeln Grundsätzen geführten und mit sich selbst übereinstimmenden Lebens mehr wahre Filosofie lehren, als wenn er eine Wissenschafts - Bude auf dem grofsen Markt von Cyrene aufschlüge, und uns unsern schlichten Menschenverstand zu Platonischen Ideen verspinnen lehrte.

Er hat neun Leibeigenen seines alten Oheims, so viele ihrer über sechzig Jahre alt waren, die Freyheit geschenkt, und es in ihre Wahl gestellt, ob sie seine Hausgenossen bleiben, oder mit einem ihren geleisteten Diensten angemessenen Jahrgehalt sich auf ihre eigene Hand setzen wollten. Alle haben das erstere erwählt, und verdoppeln, seitdem sie ihm blofs durch ihren Willen angehören, ihren Diensteifer. Dafür aber ist auch seine Art, alle von ihm abhangenden Menschen zu behandeln, so gütig und leutselig, dafs, wofern sie nicht mit strenger Ordnung und gehöriger Zucht verbunden wäre, die Guten selbst sich unvermerkt versucht finden könnten lässig und schlecht zu werden. Sein Bestreben ist, alle, die für ihn arbeiten, so zufrieden mit ihrem Lose zu machen, daſs sie sich nicht nur keinen andern Herren wünschen, sondern seinen Dienst der Freyheit selbst vorziehen. Dieſs ist leichter zu bewerkstelligen als man glaubt; denn diese Klasse von Menschen fühlt den Werth der Freyheit nicht eher, als wenn ihnen die Dienstbarkeit ganz und gar unerträglich gemacht wird. In seinem Hause herrscht Ordnung ohne ängstlichen Zwang, Zierlichkeit ohne Pracht und Überfluſs ohne Verschwendung. Nichts ist um Scheinens und Prunkens willen da; alles, vom gröſsten bis zum kleinsten, trägt etwas zum angenehmern Lebensgenuſs des Hausherrn und seiner Freunde bey, und man befindet sich nirgends besser als bey ihm. Mit Einem Wort, Aristipp stellt seine Filosofie in seinem Leben dar, und verdient nicht nur allen, denen das Glück so günstig war als ihm, zum Muster zu dienen, sondern kann, mit den gehörigen Einschränkungen, auch von solchen nachgeahmt werden, die in diesem Stück weit unter ihm sind. Denn so übel hat die Natur nicht für ihre Kinder gesorgt, daſs man reich seyn müſste, um des Lebens froh zu werden.

Du bist, nach dem Antheil den du an uns nimmst, vielleicht neugierig, wie es mit Aristipp und Kleonen steht, von welchen leicht voraus zu sehen war, daſs die persönliche Bekanntschaft sie sehr bald in ein besonderes Verhältniſs setzen würde. Der erste Augenblick war wirklich so schön, daſs ich ihn möchte mahlen können. Eine sichtbare Freude, einander gerade so zu finden wie jedes sich das andere gedacht hatte, strahlt aus seinen schwarzen Augen und glänzte im Himmelblau der ihrigen. Man hätte eher denken sollen, sie erkennten einander nach einer sehr langen Trennung wieder, als sie sähen sich zum ersten Mahle. Von dieser ersten Stunde an, scheint, oder ist vielmehr ohne Zweifel, ihr Verhältniſs zu einander auf immer entschieden. Keine Spur von Leidenschaft, nichts dem ähnliches, was man gewöhnlich Liebe oder Verliebtseyn nennt! Wer sie zum ersten Mahle beysammen sieht, hält sie für Zwillingsgeschwister, die mit einander aufgewachsen sind, und so natürlich zusammengehören, daſs man sich keines ohne das andere denken kann. Bey allen Gelegenheiten zeigt sich eine so reine Zusammenstimmung ihrer Gemüther, ihres Geschmacks, ihrer Art die Dinge zu sehen und zu nehmen, daſs sie ihre Seelen mit einander vertauschen könnten ohne es gewahr zu werden, oder daſs wenigstens die Mannheit und Weibheit den einzigen Unterschied zwischen ihnen zu machen scheint. Natürlicher Weise fühlen sie sich also für einander bestimmt, und ohne sich noch ein Wort davon gesagt zu haben, werden in aller Stille die Anstalten zu der Feierlichkeit getroffen, welche sie zu einem der glücklichsten Paare, die sich je zusammen gefunden haben, machen wird. Dieſs, lieber Antipater, ist das Neueste von Cyrene.

Aristipp sagt uns so viel Gutes von dir, daſs wir dich (der kleinen Schäfergeschichte zu Ägina ungeachtet) deiner eigenen Führung getrost überlassen sehen. Du läufst nach einem schönen Ziel, Antipater. Dem Weisen ist nichts Einzelnes klein noch groſs. Du bist, indem du dich deinem Vaterlande widmest, zu keiner schimmernden noch lärmenden Rolle berufen: aber wohl dem Staat, wohl den einzelnen Menschen, denen ihre Lage vergönnt, unbemerkt und unbeneidet glücklich zu seyn? Unsere Republik ist dermahlen in dieser Lage, und sie darin erhalten zu helfen, ist ein Geschäft, wofür selbst ein Themistokles und Perikles nicht zu groſs wäre.

25.

Musarion an Lais.

Ich habe einen Augenblick, aber auch nur einen Augenblick, bey mir angestanden, liebste Freundin, ob ich diesen Brief an dich abgehen lassen sollte: denn wie könnt' ich besorgen, daſs Lais in das Herz ihrer liebenden dankbaren Pflegetochter einen Zweifel setzen werde? Gewiſs, gewiſs macht es dir Freude, wenn ich dir melde, daſs ich, die bisher durch meinen, aus deiner Hand erhaltenen Kleonidas die glücklichste der Weiber war, gleichwohl nahe daran bin, durch die Verbindung unsers Aristipps mit der einzigen Schwester meines Mannes, einem sehr liebenswürdigen, guten und talentvollen Mädchen, noch glücklicher zu werden.

Ich glaube nicht, daſs auſser Kleonidas und mir selbst jemahls zwey so genau zusammen passende Hälften einander gefunden haben, wie Aristipp und Kleone. Das Schönste dabey ist, daſs sie einander so herzlich gut sind und so inniges Wohlgefallen an einander haben, ohne daſs man die geringste Spur der brausenden, schwärmerischen und (mit Aristipp zu reden) tragikomischen Leidenschaft, die man gewöhnlich Liebe nennt, an ihnen gewahr werden kann. Sie lieben einander, scheint es, wie Leib und Seele; durch ein stilles, tiefes, sympathetisches Gefühl, daſs sie zusammen gehören, und nicht ohne einander bestehen können. Welch ein seliges Leben werden diese zwey mit so vielen Vorzügen, jedes in seiner Art, begabte, so edle, so gute Menschen in der günstigen Lage, worein das Glück sie gesetzt hat, zusammen leben! Meine Schwester Kleone besitzt ein sehr hübsches Vermögen, und Aristipp ist (wie du gehört haben wirst) durch die Erbschaft von seinem mütterlichen Oheim einer der wohlhabensten Bürger von Cyrene geworden. Sie können, bey einer wohlgeordneten Wirthschaft, ohne sich mehr als recht ist einzuschränken, völlig nach ihrem Geschmack und Herzen leben, und werden, dem Genuſs nach, reicher seyn, als manche andere mit drey Mahl gröſsern Einkünften. Dieſs, liebste Lais, gilt auch von mir und Kleonidas, ob wir schon nicht so reich sind als Aristipp.

Du weiſst nur zu wohl, meine gütige Freundin, daſs ich kein Talent zum Schreiben habe. Möchtest du doch, in Person gegenwärtig, dich an unserm Glück ergetzen können! Warum müssen Länder und Meere uns trennen, uns, die, dem Gemüthe nach, so nahe beysammen sind! Könnte denn das nicht anders seyn? — Doch, wenn du nur glücklich bist, sey es immerhin auf deine eigene Weise! Bist du es wirklich, Liebe, so sage mir ein Wort davon und ich bin zufrieden.

Etwas sehr artiges mufs ich dir doch noch erzählen, woraus du dir selbst eine bessere Idee von Kleone zu machen wissen wirst, als eine so ungeübte Schreiberin, wie ich, dir geben könnte.

Kleone hat von ihrem Bruder in den vier bis fünf Jahren, seit sie bey uns gelebt hat, sehr artig mahlen gelernt. Kleonidas behauptet sogar, sie übertreffe ihn noch in der Kunst, einem Bilde gleichsam Seele zu geben, so dafs es einen ordentlich anzusprechen scheint; aber das kann ich ihm unmöglich eingestehen. Genug sie mahlt sehr artig, das sagt jedermann; und so überschlich er sie einst, da sie in einer Gartenlaube allein zu seyn glaubte, und an einem kleinen Bilde arbeitete. Kleonidas machte sich unbemerkt wieder fort, ging in sein Arbeitszimmer und setzte sich auf der Stelle hin seine Schwester zu mahlen, wie er sie in der Gartenlaube gesehen hatte, mit einer kleinen Tafel auf den Knieen und einem Pinsel in der Hand, ein wenig mit dem Oberleib zurückgebogen, als ob sie das, was sie eben gemahlt hatte, mit großem Vergnügen betrachtete. Kleone sollte nichts davon wissen; aber das schlaue Mädchen kam, ich weiſs nicht wie, dahinter, stahl sich in Abwesenheit ihres Bruders in sein Zimmer, mahlte auf das Täfelchen, das sie im Bilde auf den Knieen hatte, den Kopf Aristipps (nach einer Zeichnung, die mein Mann ehmahls von ihm gemacht hat) und überzog ihn, nachdem er trocken geworden war, mit einer leichten Kreidenfarbe, so daſs Kleonidas keine Veränderung gewahr wurde, und das Gemählde mit zwey oder drey andern von seiner Arbeit an Aristippen nach Athen abgehen lieſs. Dieses Gemählde hängt jetzt in Aristipps Kabinett, einem Ruhebettchen gegen über, und ist, weil es Kleonen zum Sprechen gleicht, sein Lieblingsstück. Drey oder vier Wochen nach ihrer Vermählung kommen sie von ungefähr vor diesem Bilde zusammen, und Aristipp hat seine Freude dran, es Zug vor Zug mit der gegenwärtigen Kleone zu vergleichen. Das vermuthest du wohl nicht, Aristipp, sagte sie lächelnd, daſs dieses Bild eine Liebeserklärung ist? — „Wie so, Kleone?“ —

Statt der Antwort ging sie, hohlte einen wollenen Lappen, wischte die trocknen Farben auf dem Täfelchen, das sie auf den Knieen hat, weg, und siehe! — da kommt Aristipps Kopf, so wohl getroffen daſs er sich unmöglich miſskennen kann, zum Vorschein, und zeigt sich als den Gegenstand der gefühlvollen Miene, womit die junge Mahlerin ihn zu betrachten scheint. Hätte sie Aristippen auf eine angenehmere Art überraschen können als mit einem so schmeichelhaften Bekenntniſs?

Vergieb mir, beste Lais, eine Plauderhaftigkeit, worein man so leicht verfällt, wenn man von geliebten Personen spricht. Ich kann eben so wenig fertig werden, wenn ich Kleonen von Dir spreche; von Dir, in welcher Aristipp und Kleonidas, jener durch Beschreibung, dieser durch die Darstellung selbst, sie das herrlichste aller lebenden Bilder der Göttin der Schönheit und ihrer Grazien kennen und verehren gelehrt haben. Unter uns gesagt, liebe Lais, das einzige Bild in Kleonens Kabinet, ebenfalls dem Ruhebette gegen über, ist das deinige, ohne dein Wissen (denke ich) von Kleonidas nach der Bildsäule des Skopas (aber mit Farben, versteht sich) gemahlt. Sie hat sichs ausdrücklich von Aristippen ausgebeten.

26.

Lais an Musarion.

Du schreibst schöner, liebe Musarion, als du dirs einbildest. Lysias und Isokrates hätten mich mit aller ihrer Beredsamkeit nicht so gut überzeugen können, daſs du glücklich bist, als ich es fühle, indem ich deinen Brief lese, wiewohl darin beynahe gar nicht von dir selbst die Rede ist. Du, meine Musarion, du, die ich immer wie meine leibliche Schwester liebte, und, wie schmerzlich mir auch unsere Trennung war, nur darum bis nach Cyrene von mir ziehen lieſs, weil ich glaubte, daſs du mit keinem andern Manne glücklicher seyn könntest als mit Kleonidas, du bist was ich wollte daſs du seyn solltest; Kleonidas und Aristipp sind es nicht weniger; und wohl mir, daſs die Götter, die mich unfähig machten in mir selbst glücklich zu seyn, mir zum Ersatz die Freude an der Glückseligkeit meiner Freunde gaben!

Ich kenne keinen Mann, den ich mehr hätte lieben können als Aristippen, wenn ich dieser Liebe, die du so schön beschreibst, die nicht wie Liebe aussieht und doch so sehr Liebe ist, fähig genug wäre, um das für ihn zu seyn was ihm Kleone unfehlbar seyn wird. Es wäre eine lächerliche Demuth, wenn ich läugnen wollte, dafs ich die Kunst, glücklich zu machen welchen ich will, ziemlich gut verstehe, und dafs die Natur mich an den meisten Gaben, die dazu nöthig sind, nicht verkürzt hat; auch gestehe ich, das Vergnügen einen Mann, der es werth ist, durch mich glücklich zu sehen, kann mich auf kurze Zeit in die angenehme Täuschung versetzen, als ob ich es sey. Aber dafs beides, das Glück das ich gebe, und was ich dagegen zu empfangen scheine, im Grunde blofse Täuschung ist, davon sind die Wenigen, mit denen ich bisher den Versuch gemacht habe, so gut überzeugt als ich selbst. Ich mufs wohl Niemands Hälfte seyn; wenigstens hab' ich den Mann noch nicht gesehen, mit dem ich mir eine Verbindung auf immer einzugehen getraute, ohne seine und meine Ruhe aufs Spiel zu setzen. Diefs wird und mufs Euch andern wackern Hausfrauen unnatürlich vorkommen; aber es ist nun einmahl so mit mir, und ich kann nicht wünschen dafs es anders sey. Die Natur, die wie eine gute Mutter dafür sorgt, dafs keines ihrer Kinder gegen die andern gar zu sehr zu kurz komme, hat es so eingerichtet, daſs, wiewohl die Menschen immer klagen und es gern besser hätten, doch Niemand sein Ich mit Dem eines andern vertauschen möchte. So geht es auch mir; da ich einmahl Lais bin, so ergeb' ich mich mit guter Art darein, und danke Kleonen, daſs sie mir die Sorge, in meinem Freund Aristipp den glücklichsten aller Männer zu sehen, abgenommen hat. Er verdient es zu seyn, er ist fähig es zu werden, und daſs es Ihr gelingen wird, hab' ich von der Stunde an nicht bezweifelt, da ich ihr Bildniſs bey Learchen sah; denn ich erkannte auf den ersten Blick Aristipps Hälfte in ihr.

Ich werde nicht von Learchen ablassen, bis er mir, um welchen Preis es sey, eine Kopey von diesem Bilde schafft, die ich, dem Recht der Wiedervergeltung gemäſs, in meinem Kabinett aufstellen kann. Indessen bitte ich Sie und dich, liebe Musarion, das Kistchen, so dir mit diesem Briefe zukommen wird, und seinen Inhalt, aus der Hand einer Freundin mit Freundschaft anzunehmen. Ihr werdet ein wenig erschrecken; aber ich bin so reich an solchem Spielzeug, daſs Ihr euch des Werthes halben kein Bedenken machen müſst. Die Perlen sind an

Wasser, Gröſse und Rundung eine wie die andere; ihr braucht sie also bloſs zu zählen, um euch schwesterlich darein zu theilen. Wem das Kistchen bleiben soll, laſst gerad oder ungerad entscheiden.

27.

Aristipp an Eurybates.

Mir kommt wohl, lieber Eurybates, daſs ich nicht so starkglaubig bin als der weise und tapfere Xenofon; denn, trotz meinem erklärten Unglauben an Zeichen und Wunderdinge, Dämonen, Empusen, und an die Gottheit des Nordwindes, wandelt mich doch zuweilen eine Versuchung an, die Hälfte meiner Habe ins Meer zu werfen, um die griſsgrämische Göttin Ate zu versöhnen, die nicht leiden kann wenn ein Sterblicher gar zu glücklich ist. Wirklich scheint es, die Götter wollen mich auf die Probe stellen, ob ich Stärke genug habe, bey so vielen Versuchungen zu Üppigkeit und Übermuth der Sokratischen Sofrosyne getreu zu bleiben, und im Genuſs des Guten, womit sie mich überschüttet haben, mein Gemüth frey genug zu erhalten, um nicht aus der gehörigen Fassung zu kommen, wenn sichs etwa einst an einem grauen Morgen finden sollte, daſs alles, wie ein Zaubergastmahl, wieder verschwunden wäre. — Doch, dieser Gedanke selbst sieht mir so ziemlich einer Eingebung der scheelsüchtigen Göttin gleich. Denn was für eine Weisheit wäre das, die ihr Gefühl für das Gegenwärtige Gute abstumpfen müſste, um sich zum Voraus gegen künftige Übel unempfindlich zu machen! Die meinige ist die Kunst in guten und bösen Tagen meines Daseyns so froh zu werden, und so wenig zu leiden, als mir möglich ist. Ich betrachte Vergnügen und Schmerz als einen von der Natur gegebenen rohen Stoff, den ich zu bearbeiten habe; die Kunst ist, jenem die schönste, diesem die erträglichste Form zu geben; jenes zu reinigen, zu veredeln, zu erhöhen; diesen, wenn er nicht gänzlich zu stillen ist, wenigstens zu besänftigen, ja (was in manchen Fällen angeht) sogar zu Vergnügen umzuschaffen.

Antipater hat dich ohne Zweifel schon benachrichtiget, daſs ich durch meine Vermählung mit der Schwester meines Freundes Kleonidas meinem neuen Bürgerleben in Cyrene die Krone aufgesetzt habe. Ich hätte grofse Lust dir recht viel davon zu sagen, wie glücklich mich diese Verbindung macht; aber mir ist, mein Dämonion zupfe mich beym Ohr und flüstre mir zu: ein Mann, der eine Art von Liebhaber seines Weibes ist, müsse der Versuchung von ihr zu reden mit allen Kräften widerstehen, weil er immer Gefahr läuft, aus Furcht zu wenig zu sagen, mehr zu sagen als einem weisen Manne ziemt. Auf alle Fälle kann es niemand leichter seyn, sich an meinen Platz zu stellen, als dir, der so gut aus eigener Erfahrung weifs, was häusliche Glückseligkeit ist.

Ein grofses trägt zu Erhöhung der meinigen die schöne Harmonie und Herzlichkeit bey, die zwischen mir, meinen Brüdern Aristagoras und Kleonidas, und zwischen unsern Hausfrauen herrscht, welche letztern sämmtlich eine starke Ausnahme von dem harten Urtheil verdienen, das unsre Freundin Lais über die Griechischen Matronen zu fällen pflegt. In der That machen wir nur eine einzige Familie aus, und aufser den Tagen, wo wir uns den Einladungen zu grofsen Gastmählern nicht entziehen können oder selbst dergleichen geben, bringen wir die Abende meistens unter uns, bald bey meinem Bruder, bald bey mir oder Kleonidas zu; und ein Fremder muſs sehr hoch in meiner Gunst stehen, der zu diesen traulichen Symposien zugelassen wird. Bey diesen letztern sind die Frauen immer gegenwärtig; ohne sie würden wir nur mit halbem Muthe fröhlich seyn können; denn sie sind uns so unentbehrlich als Pindars Grazien den Göttern; nichts däucht uns wohlgethan, was nicht durch ihre Hände geht, nichts angenehm, waran sie nicht Theil nehmen. Die Cyrenische Sitte, welche den Frauen mehr Freyheit zugesteht als die eurige, und sie von keiner Gesellschaft unter Verwandten und Freunden ausschlieſst, kommt uns zwar hierin zu Statten; wir würden es aber, wenigstens unter uns, zur Sitte machen, wenn es nicht schon etwas gewöhnliches wäre.

Überhaupt kenne ich, Milet vielleicht allein ausgenommen, keine Griechische Stadt, worin man so ruhig, zwangfrey und behäglich leben könnte als in Cyrene, seitdem die neue Verfassung Wurzel geschlagen, und alles Unkraut des Miſstrauens und des Parteygeistes, vor welchem ehmahls nichts Gutes bey uns aufkommen konnte, in kurzer Zeit gänzlich erstickt hat. Die Cyrener, wenn sie nicht von irgend einem bösen

Dämon aus ihrem natürlichen Karakter herausgeworfen werden, sind ein fröhliches, gutartiges Volk; und daſs es ihnen an Kunstfleiſs und Betriebsamkeit nicht fehlt, zeigt der blühende Zustand der Fabriken, der Handelschaft und Schiffahrt, welche seit einigen Jahren in immer steigendem Aufnehmen sind; wiewohl wir hierin immer hinter Korinth, Syrakus, Milet und Rhodus zurückbleiben werden. Meine Mitbürger scheinen diesen Nachstand ohne Eifersucht anzusehen; dafür aber würden sie sich sehr beschämt finden, wenn sie in der Kunst gut zu essen und überhaupt in allem, was zum Gemächlichleben und zur angenehmsten Befriedigung der Sinnlichkeit dient, von irgend einem Volke übertroffen würden. Sie nennen dieſs gut leben, und gehen darin von dem Grundsatz aus: das menschliche Leben sey so kurz und ungewiſs, daſs es groſse Thorheit wäre, sich den gegenwärtigen möglichsten Genuſs desselben zu entziehen, um desto mehr Vorrath für eine Zukunft aufzuhäufen, die der Sparer und Sammler vielleicht nie erleben werde. Diesem zu Folge setzen sich die Meisten, sobald sie durch Erwerb oder gutes Glück zu Vermögen gekommen sind, auf den Fuſs von ihren Renten zu leben, oder doch ihr Gewerbe nur so weit fort zu führen, daſs sie von dem Ertrag gemächlich und angenehm leben können, und glauben alles gethan zu haben, wenn sie sich so weit einschränken daſs sie nicht merklich ärmer werden. Häufige Erfahrungen sollten sie längst belehrt haben, daſs dieſs eben der geradeste Weg immer ärmer zu werden sey: aber der Cyrener (ich rede von den Meisten) hat über diesen Punkt weder Augen noch Ohren, so stark scheint der Einfluſs unsers üppigen, zu Trägheit und Wollust geneigt machenden Himmelsstrichs zu seyn, von welchem es schwer und vielleicht unmöglich ist, sich gänzlich frey zu erhalten. Ich finde daher an unsrer dermahligen Regierung lobenswürdig, daſs sie diesen Temperamentsfehler unsers Volkes nicht bloſs durch vielfältige Aufmunterungen des Fleiſses und Unternehmungsgeistes zu verbessern sucht, sondern sich auch angelegen seyn läſst, den Geschmack unsrer Bürger zu veredeln, und ihnen neue und reinere Quellen des Vergnügens zu eröffnen, als sie bisher gekannt hatten. Ich wurde bey meiner Hierherkunft nicht wenig überrascht, (denn Kleonidas hatte mir absichtlich ein Geheimniſs daraus gemacht) ein Theater und ein Odeon in Cyrene zu finden, und beide schon so wohl eingerichtet, daſs (mit deiner Erlaubniſs, Eurybates!) Athen selbst kaum bessere Schauspieler, Sänger und andre Tonkünstler aufzuweisen hat. Das letztere haben wir dem Eifer zu danken, womit Kleonidas (dem die Aufsicht über diese neue Stiftungen aufgetragen ist) seit einigen Jahren sich bemüht hat, geschickte Künstler in beiden Fächern aus dem Asiatischen Griechenlande nach Cyrene zu locken. Die Musik, in der weitesten Bedeutung des Wortes, ist nun auch bey uns ein wesentlicher Theil der Erziehung der Kinder, und unsre Cyrener gewinnen unvermerkt allen Musenkünsten immer mehr Geschmack ab. Man hört schon in mehrern reichen Häusern bey großen Gastmählern, statt bezahlter Lustigmacher, einen geschickten Zögling des berühmten Ions Homerische Rhapsodien singen, und mein Bruder thut sich nicht wenig darauf zu gut, den besten Vorleser in ganz Cyrene in seinen Diensten zu haben.

Ich traue dir zu viel Weltbürgersinn zu, mein edler Freund, als daſs ich besorgen sollte, du werdest, ein „Attisches Gesicht“ dazu machen, daſs Cyrene, die an Gröſse und Bevölkerung der weltgepriesenen Minervenstadt wenig nachgiebt, sich zu beeifern anfängt, ihr auch in der Liebe zu den Künsten die das Leben verschönern, wiewohl noch mit ungleichen Schritten, nachzufolgen. Unser Staat ist nicht so reich als der Eurige; wir haben keine Inseln, die uns das eiserne Kapital eines drückenden Schutzes mit zwölfhundert Talenten jährlich verzinsen müssen, und keinen Schatz zu Delos, den wir angreifen könnten, um unsre Stadt zu verschönern, und unsre Bürger durch prächtige Feste und kostbare Lustbarkeiten bey guter Laune zu erhalten. Unsre Republik hat sich also begnügt, die beiden öffentlichen Gebäude, worin die Musen ihr Wesen bey uns haben, aufführen zu lassen, und jährliche Preise für diejenigen zu stiften, denen die öffentliche Meinung in den Wettstreiten, wozu am Feste der Cyrene die verschiedenen Musenkünstler zusammen kommen, den Sieg zuerkannt hat. Alle Unkosten unsrer Schauspiele hingegen werden mittelst einer mäſsigen Abgabe, die von den Zuschauern erhoben wird, bestritten. Denn anstatt den Bürgern das Schauspielgeld aus dem öffentlichen Schatze zu reichen, wie bey Euch, finden wir billig, daſs wer an dergleichen Unterhaltungen Antheil haben will, auch das seinige zu ihrer Unterstützung beytrage.

Daſs wir, seitdem wir ein Theater und ein Odeon besitzen, gute Hoffnung haben, auch Dichter und Dichterlinge aus unserm eigenen Grund und Boden aufschiefsen zu sehen, wirst du sehr natürlich finden. Die ersten Versuche, die von zwey oder drey jungen Cyrenern in der tragischen Kunst gemacht worden sind, haben freylich die Tragödien von Sofokles, Euripides und Agathon noch nicht entbehrlich machen können: aber in der Komödie hat sich Kleonidas mit gegründetem Beyfall versucht, und (wenn mich meine Liebe zu ihm nicht sehr verblendet) Aristofanischen Witz mit der Sittlichkeit der Komödien des Epicharmus zu verbinden gewufst.

Die Komödien euers Kratinus, Eupolis und Aristofanes sind so sehr für Athen und die niedrigsten Klassen euers suveränen Pöbels, und überdiefs gröfsten Theils für die Zeitpunkte ihrer Aufführung berechnet, dafs sie, wofern auch sonst nichts erhebliches gegen sie einzuwenden wäre, dennoch blofs aus der Ursache, weil sie unserm Volk unverständlich seyn würden, nicht auf unsern Schauplatz gebracht werden könnten. Jedes Volk, das Komödien haben will, mufs seine eigenen haben. Die eurigen passen sehr gut für Athen, aber auch nur für Athen, und sogar nur für Athen wie es in den vierzig Jahren zwischen der sechs und achtzigsten und sechs und neunzigsten Olympiade war. Wir haben keinen Demos, keinen Senat, keine Volksredner und Kriegs-obersten, die man lächerlich machen könnte; unser Volk nimmt keinen unmittelbaren Antheil an der Regierung, und hat Ursache mit seinen Vorstehern zufrieden zu seyn: und wenn diese auch der satirischen Geisel einige Blöſsen gäben, so würde keinem komischen Dichter gestattet werden, sich öffentlich und in Einer Person zu ihrem Ankläger, Richter und Büttel aufzuwerfen. Eine Demokratie, wie die Eurige war, kann ihre Ursachen gehabt haben, den Komödienschreibern eine Art von stillschweigender Vollmacht zu Handhabung einer beynahe unumschränkten Censur zu ertheilen; und eure Regierung hatte die ihrigen, sich, so lange sie es nicht ändern konnte, leidentlich dabey zu verhalten; aber diese Ursachen konnten nur im Attischen Athen Statt finden, und haben auch dort zum Theil bereits aufgehört. Wir Cyrener werden also entweder ohne Komödie bleiben, oder uns, wie gesagt, eine eigene erschaffen müssen. Das letztere wird nicht schwer seyn; denn sobald man der Komödie, statt des Lachens und Spottens über die Regierung und über einzelne Personen, andere zu einer öffentlichen angenehmen Volksunterhaltung passende Zwecke giebt, so lassen sich zwischen der Tragödie des Sofokles und der Komödie des Aristofanes, zwischen dem Ödipus und Filoktet des erstern, und den Rittern und der Lysistrata des andern, mehrere Gattungen von Schauspielen denken, und wenn auch Scherz und Lachen die Hauptwirkung der Komödie bleiben soll, so braucht sie sich nur, mit Verzichtthuung auf alle persönliche Satire, auf sinnreiche und lebhafte Darstellung allgemeiner lächerlicher Karaktere einzuschränken, um eine neue Gattung hervorzubringen, welche gewiſs Beyfall erlangen und vielleicht nicht ohne Nutzen seyn würde. Ich zweifle nicht, daſs die Zeit im Anzug ist, wo Athen, die noch immer in allen Arten von Kunstwerken die ersten und vollkommensten Muster aufgestellt hat, auch in dieser Gattung den Ton angeben, und die Scene mit lebendigen Sittengemählden beschenken wird, an welchen auch unsre Frauen Gefallen finden können. Denn in Cyrene sind die Frauen von Besuchung der Schauspiele nicht ausgeschlossen wie bey Euch; und dieſs ist ein wesentlicher Grund mehr, warum unsre Komödie ohne Vergleichung bescheidener und anständiger als die Eurige seyn muſs; ja warum selbst die Tragödie sich unvermerkt in einen mildern Ton herabstimmen und, ohne dem Wesentlichen ihres Karakters zu entsagen, mehr sanfte Rührungen, süfse Wehmuth und zärtliches Mitgefühl als Schrecken, Entsetzen und peinliches Mitleiden zu erregen suchen wird.

Da dieser Brief bestimmt ist, dir einen genugthuenden Bericht über meine dermahlige Lage und Lebensweise zu geben, so erwartest du vermuthlich, dafs ich dir auch ein Wort von den staatsbürgerlichen Obliegenheiten sage, durch welche meine weltbürgerliche Freyheit vielleicht enger eingeschränkt werden könnte, als sie in die Länge zu ertragen geneigt seyn möchte. Zu gutem Glück kommt meiner politischen Trägheit ein altes Gesetz zu Statten, vermöge dessen zwey Brüder niemahls weder im Senat noch andern höhern Stellen, zu gleicher Zeit Sitz haben können. Dagegen giebt es mancherley mehr und weniger bedeutende, mit der innern Polizey der Stadt beschäftigte Ämter und Ämtchen, denen wohlhabende Bürger, wenn die Reihe an sie kommt, sich nicht entziehen dürfen, zumahl da diese Ehrenstellen mit keinem Einkommen verbunden und von eingeschränkter Dauer sind. — Ämter dieser Art werde ich, ihrer vielfältigen Unannehmlichkeiten ungeachtet, desto williger übernehmen, da sie, um wohl verwaltet zu werden, Uneigennützigkeit, Besonnenheit und Geschicklichkeit die Menschen verständig zu behandeln, voraussetzen, und andern hierin ein Beyspiel zu geben von gutem Nutzen seyn kann.

Übrigens bin ich der Meinung, dafs in jedem grofsen oder kleinen Staat ein Bürger aus derjenigen Klasse, zu welcher ich in Cyrene gehöre, sich um das Gemeinwesen schon verdient genug mache, wenn er seinem Hause wohl vorsteht, seine Güter zu verbessern und zu verschönern sucht, Künste und Gewerbe durch einen nicht unbescheidenen, aber seinem Vermögen angemessenen Aufwand unterhalten und beleben hilft, und durch eine edle Gastfreyheit seiner Stadt auch im Auslande Ehre macht.

Noch ein kleines Verdienst hoffe ich mir um Cyrene dadurch erworben zu haben, dafs ich ein zu meinem Gute gehöriges Lustwäldchen, das mit Schattengängen und Lauben, und einem Sahl mit einer bedeckten Halle versehen ist, den Musen geheiligt und zu einer Art von öffentlichem Versammlungsort für Gelehrte und Künstler bestimmt habe, wo auch blofse Liebhaber von Wissenschaft und Kunst, Fremde, und überhaupt alle rechtliche Leute den Zutritt haben. Die Halle ist mit Gemählden und Bildsäulen, der Sahl mit Bücherschränken versehen, wo keines der Werke der Griechischen Dichter, Geschichtschreiber und übrigen Schriftsteller, die in einigem Ruf stehen, leicht vermifst werden soll. Beide sind täglich zu gewissen Stunden offen, und einer meiner Hausgenossen ist immer gegenwärtig, um den Liebhabern die Bücher, worin sie lesen wollen, hervor zu langen, und wenn der Sahl geschlossen wird, wieder an ihren Ort zu legen. Dieses Museon kostet mich vielleicht den vierten Theil des baren Geldes, das mein Oheim mir hinterlassen hat: aber wer mit so weniger Mühe zu einem beträchtlichen Vermögen kommt, hat, meiner Meinung nach, eine besondere Obliegenheit auf sich, es auf eine edle und gemeinnützliche Art zu verwenden.

Auf den Fall, lieber Eurybates, dafs dir dieser vielleicht allzu weitläufige Bericht über einen so wenig bedeutenden Gegenstand, als mein kleines Cyrenisches Ich ist, etwas lange Weile gemacht haben sollte, ist es nicht mehr als billig, dafs ich dich mit einer kurzweiligen Zugabe dafür entschädige.

Hättest du dir wohl einfallen lassen, dafs der Abderit Onokradias (der zu unvergefslich ist, als dafs du dich nicht erinnern solltest, ihn mehrmahls bey mir und bey dir selbst gesehen zu haben) meiner Person einen so grofsen Geschmack abgewonnen haben könnte, um mich bis in Cyrene aufzusuchen? Das eigentliche an der Sache ist: dafs er, da er jetzt auf seiner grofsen Reise begriffen ist, und, von Ägypten aus den Tempel des Jupiter Ammon besucht hat, „nicht umhin konnte (wie er sagt) einen Abstecher nach Cyrene zu machen, um seinen Freund und Gönner Aristipp zu besuchen," und ihm seine Dankbarkeit dafür zu bezeugen, dafs er ihn zu Athen — seinen Tischgesellschaftern so oft zum Besten gab. Dem sey wie ihm wolle, genug, an einem schönen Morgen, da ich mich eher alles andern versehen hätte, kommt der hoffnungsvolle Sohn Onolaus des Zweyten auf mich zugerennt, und erdrückt mich beynahe in seinen herkulischen Armen. Es gab (wie du denken kannst) eine rührende Erkennungsscene, die noch rührender gewesen wäre, wenn sie nicht so nah ans Lächerliche gegränzt hätte. Es versteht sich, dafs ich ihn sogleich in mein Haus führte, und dafs von Stund an eine ewige Gastfreundschaft zwischen mir und meiner Nachkommenschaft und den edeln Spröfslingen des Onogelastischen Geschlechtes in allen seinen Ästen und Zweigen errichtet wurde. Der gute Mensch konnte sich, als ich ihn Kleonen vorstellte, nicht genug verwundern, wie ich zu einer so schönen Frau gekommen sey, und schwur bey Latona und Jasons goldnem Hammelsfell, daſs er, wenn ihm ein Mädchen mit so blauen Augen und so schwarzen Wimpern in den Wurf kommen sollte, sie stehendes Fuſses heirathen werde, wenn sie gleich nichts als das Hemd auf dem Leibe hätte. — Du glaubst nicht was für Glück die genialische Albernheit dieses jungen Abderiten in Cyrene macht. Er erhält so viele Einladungen, daſs er kaum den zehnten Theil bestreiten kann; und ich glaube wir hätten ihn noch lang' am Halse, wenn er die Geschichte seines Stammvaters Onogelastes und des feigenschmausenden Esels nicht gar zu oft erzählen müſste. Übrigens gefall' es ihm (sagt er) in Cyrene so wohl, daſs er oft mitten in Abdera zu seyn glaube. Alles was er bey uns sieht, haben sie in Abdera auch; ein solches Odeon, ein solches Theater, solche Bäder, solche öffentliche Gesellschaftssähle; ihr Jasonstempel hat sogar noch zwey Säulen auf der Giebelseite mehr als unser Tempel des Apollo. Nur ihr neues Theater, das muſs er gestehen, ist nicht völlig so schön als das unsrige, und, die Sache rund heraus zu sagen, etwas eng und unbequem. Aber das Cyrenische, meint er, müfste auch ohne Vergleichung mehr gekostet haben: das ihrige wäre der Republik nicht viel über hundert und zwanzig Talente zu stehen gekommen. Man sagte ihm: er hätte sich sehr geirrt; das unsrige koste kaum den dritten Theil dieser Summe; denn wir hätten die Steine dazu aus unsern eigenen Marmorbrüchen gezogen. — „Das ist freylich ein anders, versetzte der Abderit; die Pfeiler und Säulen des unsrigen sind nur von Backsteinen, und wie bunter Marmor angestrichen; aber für das, was sie gekostet haben, könnten sie von Jaspis seyn. Ihr wundert euch wie das möglich war? Es ging ganz natürlich zu. Wir Abderiten habens nun einmahl in der Art, dafs wir etwas rasch im Denken und Handeln zu Werke gehen; einem Dinge lange nachzusinnen, oder es auf alle Seiten herum zu kehren, ist unsre Sache nicht. Der Entwurf wurde gemacht, dem Senat vorgelegt, angenommen, Hand angelegt, alles in Einem Zug. Wie das Werk nahezu halb fertig war, bemerkte jemand, dafs es sich auf der einen Seite senke; die Sache wurde untersucht; es mufste ein neuer Grund gelegt werden. Die bisherige Arbeit war gröſstentheils vergeblich; aber wir dankten den Göttern, daſs der Fehler noch in Zeiten entdeckt worden war, und das Werk ging wieder hurtig von der Hand. Nach einer Weile kam einem unsrer Ober-Bauherren ein Gedanke, wie dieſs und jenes zierlicher und geschmackvoller seyn könnte. Flugs wurde wieder eingerissen und verändert. Aber andre Leute hatten auch Einfälle und Geschmack, und hatten zu Athen, und Korinth und Syrakus und Milet und Samos und Mitylene und allenthalben Theater gesehen, und jeder wollte das Seinige zu einem Bau, wovon Abdera Ehre haben sollte, beytragen. So war denn immer etwas zu tadeln und anders zu machen. Bald muſste die Orchestre erhöht, bald die Vorbühne erweitert werden; bald war der Raum für die Chöre zu klein, bald fehlte es an etwas anderm. Die Säulen waren erst Ionisch, und muſsten nach Jahr und Tag mit groſser Mühe und Arbeit in Korinthische verwandelt werden. Das alles förderte nun das Werk nicht sonderlich; indessen wer immer zwey Schritte vorwärts gegen Einen rückwärts macht, kommt zuletzt doch ans Ziel. Kurz und gut, der Bau wurde fertig, und es war groſser Jubel in ganz Abdera, und anstatt zu klagen daſs er soviel kostete, thaten sich unsre Bürger viel darauf zu gute; denn (ohne uns zu rühmen) was unsrer Stadt Ehre macht, ist uns nie zu theuer. Wir hatten für unsre hundert und zwanzig Talente ein neues Theater, das sich sehen lassen durfte; nur Schade, dafs sichs erst bey der Einweihung zeigte, dafs die Stufensitze um funfzehn bis zwanzig Ellen höher und weiter hätten seyn sollen; denn wir safsen so zusammengedrängt wie die Salzfische in einer Byzantinischen Tonne. Es kommt nur auf eine kleine Gewohnheit an, sagte der Nomofylax, der die Oberaufsicht über den Bau gehabt hatte; und so war es auch: in kurzem beklagte sich kein Mensch mehr, und wir safsen doch nicht bequemer als das erste Mahl." — Der ehrliche Onokradias lachte herzlich mit, wie er sah, dafs wir uns nicht länger halten konnten in ein lautes Lachen auszubersten. Es ist wirklich lustig, fuhr er fort, zumahl wenn man bedenkt, wie viele kluge Köpfe zur Sache zu reden hatten, und wie viele Sitzungen die armen Bauaufseher, in den sechs Jahren dafs am Theater gebaut wurde, halten mufsten! Man kann sich vorstellen, ob die Herren fleifsig genug zusammen kamen, da über drey hundert Eimer Thasierwein nach und nach dabey geleert wurden. Denn dafs die Herren hätten trocken sitzen sollen, war ihnen doch nicht zuzumuthen. Aber freylich, wenn mans sagen dürfte, da liegt eben der Hund begraben! Viele Köche versalzen den Brey: um sich nicht zu zanken, trinkt man; da wird man denn bald einig, und der Ausführung halber verläſst sich einer auf den andern. Wir Abderiten haben das so in der Art; unser Gemeinwesen ist nie schlechter berathen als wenn wir alle Einer Meinung sind."

Die treuherzige Unbefangenheit, womit der ehrliche Abderit sich selbst und seine Mitbürger auf diese Weise zum Besten giebt, macht daſs man ihm mit aller seiner albernen Geschwätzigkeit gut seyn muſs; denn er ist die wohlmeinendste Seele von der Welt. Zu allem Glück ist er reich, und so kann man sich unbedenklich an ihm belustigen; hätte das Glück weniger dafür gesorgt, daſs er unsers Mitleidens nicht bedarf, so wär' es grausam über ihn zu lachen. Er hat nun in Cyrene die mittägliche Grenze der Griechischen Sprache erreicht, und ist im Begriff nach Sicilien abzusegeln, von da aus das südliche Italien zu bereisen, und dann in seine liebe Vaterstadt zurückzukehren; ungefähr so klug als er ausgezogen war, aber so reich an Dingen die er gesehen und gehört hat, daſs er seinen Abderiten sechzig Jahre lang genug zu erzählen haben wird. Er verläſst sich darauf (und ich stehe ihm dafür) daſs seine Mitbürger groſse Freude an ihm haben werden; „denn eine Reise wie die meinige (sagt er) hat, auſser dem närrischen Filosofen Demokritus, noch kein Abderit gemacht.“ Sollt' ich ihm in drey oder vier Olympiaden seinen Besuch zurückgeben, so bin ich gewiſs, ihn an der Spitze seiner Republik zu finden; und die Götter mögen wissen, ob ihre Sachen darum schlimmer oder besser gehen werden!

Speusipp schreibt mir: seitdem ich Athen auf immer verlassen zu haben scheine, spreche sein Oheim Plato in Gesellschaften, wenn meiner gedacht werde, sehr glimpflich von mir, als von einem feinen Weltmann und angenehmen Gesellschafter. Aristipp, sagt er, hat sich eine Art von Filosofie gemacht, womit er sich, wie ich glaube, für seinen eigenen Gebrauch gut genug behelfen mag; aber allgemein gemacht würde sie böse Früchte tragen. — Ist es mit der seinigen etwa anders? Zum Glück (wenn ja die Gefahr so groſs seyn sollte) hat die Natur selbst dafür gesorgt, daſs keine von beiden allgemein werden kann. Wäre dieſs aber nicht, so würde meine Filosofie noch immer den Vorzug haben, daſs sie nur durch Miſsverstand und Miſsbrauch schädlich werden kann; da hingegen die seinige geraden Weges zu einer Art von Schwärmerey führt, deren natürliche Folgen, aufser seiner Wolkenkuckuksheimischen Republik, allenthalben verderblich seyn würden.

Lebe wohl, mein edler Freund, und laſs dir mein Andenken, und, wofern du es nöthig findest, auch meinen Ruf gegen den Muthwillen eurer witzelnden Müſsiggänger und Spaſsmacher empfohlen seyn, die von jedem Manne, dessen Nahme öfters genennt wird, so viele Geheimgeschichtchen zu erzählen wissen, alles gesehen haben wollen was er gethan, alles gehört haben was er gesprochen hat, und, um die Wahrheit ihrer Mittheilungen unbekümmert, zufrieden sind, wenn sie nur ihren Platz an den Tafeln der Reichen durch irgend ein lächerliches Mährchen oder eine auffallende Albernheit auf Unkosten eines bekannten Nahmens bezahlen können.

28.

Lais an Aristipp.

Wenn du nicht gar zu sehr über mich lachen wolltest, Aristipp, so hätte ich große Lust dir einen Traum zu erzählen, den ich diesen Morgen geträumt habe.

Du erinnerst dich vielleicht noch der geflügelten Köpfe, von denen einst bey Gelegenheit des Platonischen Fädons zwischen uns die Rede war. Hättest du dir wohl einfallen lassen, daſs diese Köpfe nach so vielen Jahren noch in dem meinigen zu spüken anfangen würden? Gleichwohl ist es geschehen, und (was ich wohl zu bemerken bitte) ohne daſs ich mir irgend einer Veranlassung zu einer so seltsamen Träumerey bewuſst bin. Die Sache ist so sonderbar, daſs ich mich nicht erwehren kann ein wenig lächerlich in deinen Augen zu erscheinen, da du doch natürlicher Weise denken muſst, ich würde dir meinen Traum nicht erzählen, wenn ich ihm nicht eine gewisse Wichtigkeit beylegte, die ein Traum, wie außerordentlich er auch seyn mag, bey keiner verständigen Person haben sollte. Sey es darum! — Hier ist der meinige mit allen seinen Umständen, deren ich mich so lebhaft erinnere, als ob mir alles bey offnen Augen begegnet wäre.

Ich befand mich in einem von den anmuthigen, mit unzähligen schönen Bäumen besetzten Lustgärten, die man in dem Persischen Asien Paradiese zu nennen pflegt. Noch nie hatte ich mich so heiter und leicht gefühlt; mich däuchte als ob ich wie eine Flaumfeder auf einem Wölkchen daher schwimme. Und so war es auch beynahe; denn wie ich mich genauer betrachtete, zeigte sichs, daß ich ein bloßer Kopf mit zwey prächtigen Goldfasanen-Flügeln war. Ohne mich diese Verwandlung im geringsten befremden zu lassen, flog ich, so frey und unbefangen, als hätte ich nie eine andere Art zu Seyn gekannt, in dem reitzenden Paradiese umher, und setzte mich endlich auf einen Granatbaum, um mich an den Farben und Wohlgerüchen einer unendlichen Menge der schönsten Blumen zu ergetzen, die dem Boden unter meinen Blikken zu entsprießen schienen. Plötzlich sah ich mich von mehr als tausend gelb-braun- und schwarzlockigen Flügelköpfen umringt, die von allen Seiten auf mich zugeflogen kamen, und über meinen Anblick ganz entzückt zu seyn schienen. Die meisten schlossen in einiger Entfernung einen Kreis um mich her, so groſs und schimmernd wie ein Regenbogen, wenn die Sonne schon tief in Westen steht. Einige kamen näher herbey, redeten mich an und thaten ihr möglichstes, meine Aufmerksamkeit auf sich zu ziehen, und meiner Eigenliebe zu schmeicheln. Die mannigfaltigen Fysionomien dieser Köpfe, ihre Redseligkeit, das Feuer, womit jeder sich durch das, worauf er sich am meisten einbildete, bey mir geltend zu machen suchte, kurz alle die lächerlichen Gestalten, in welchen ihre Eitelkeit und Selbstgefälligkeit sich mir zum Besten gab, belustigten mich eine ziemliche Weile; zumahl da immer neue Köpfe aus dem Kreise herbeyflatterten, und die zuvorgekommenen durch allerley kleine Kunstgriffe zu verdrängen suchten. Nach und nach erkannte ich beynahe alle meine Bekannten unter ihnen; nur nach dir sah ich mich vergebens um. Des schalen Spiels mit so vielen leeren Köpfen endlich überdrüſsig, machte ich mich von ihnen los, durchstöberte, dich aufsuchend, alle Gänge und Lauben des Lusthains, und glaubte endlich deinen Kopf aus einem dunkeln Busch hervorragen zu sehen; wie ich aber hinzuflog, war es Arasambes, der mich in diesem Hinterhalte belauert zu haben schien, und mir über die Gefälligkeit womit ich seine Nebenbuhler anhöre, die bittersten Vorwürfe machte. Unwillig wandt' ich mich von ihm weg, uud sah mich auf einmahl in meine Gärten zu Ägina versetzt, in einen deiner ehmahligen Lieblingsplätze, wo die Nymfe von Skopas am Abhang eines mit Epheu und wilden Reben bewachsnen Felsen den kleinen Silberbach aus ihrer Urne gießt, der sich durch das benachbarte Myrtenwäldchen nach dem Tempel der Grazien hinschlängelt. Hier werd' ich ihn unfehlbar finden, dacht' ich, und wie ich mich umsehe, erblick' ich — den kleinen Gott der Liebe, schlummernd auf die Moosbank hingegossen, über welche (wenn du dich noch erinnerst) der hohe Busch mit den glühenden Essigrosen herabnickt. Sein goldner Bogen und etliche Pfeile lagen neben ihm. Ein nie gefühlter Schauer fuhr bey seinem Anblick durch mein ganzes Wesen; ich kannte mich selbst nicht mehr; es war mir als ob eine unsichtbare Hand alle Bilder der Vergangenheit aus meiner Seele wegwische und ich erst jetzt zu leben anfange. Meine Augen unverwandt auf den schönen Schläfer geheftet, flog ich leise und schüchtern näher hinzu, um den süßen Athem seiner Purpurlippen einzusaugen, in

Gefühlen zerschmelzend, die mir zu neu waren, als dafs ich sie dir beschreiben könnte. Möcht' er doch, dacht' ich, wie Endymion auf der Stirn des Latmos, nie erwachen, damit ich ihn ewig ungestört anschauen könnte; aber indem ich es dachte, wacht' er auf. Ich fuhr zurück, aber mich zu entfernen war mir unmöglich. Unbeweglich blieb ich, wie eine in Elektron eingeschlofsne Mücke, ihm gegen über in der Luft hangen. „Welch ein schöner Vogel! — rief er, mit einem schalkhaft lächelnden Blick einen Pfeil auf seinen Bogen legend — der soll mir nicht entgehen!" Indem er nach mir zielte, gab mir die Angst plötzlich die Bewegung wieder. Ich sank zu seinen Füfsen und flehte ihm so rührend meiner zu schonen, dafs er den Bogen von sich warf, und mich mit Blicken voll Zärtlichkeit betrachtete. Aufser mir vor Entzücken flatterte ich mit ausgebreiteten Flügeln an seinem schönen Busen hinauf. Plötzlich verwandelte er sich in einen wunderschönen Jüngling, und ich selbst glaubte unter den Liebkosungen, womit er mich überhäufte, meine vorige Gestalt wieder zu erhalten. Aber der Grausame trieb nur sein Spiel mit mir. Wie ein Aal glitschte er aus meinen um ihn geschlungenen Armen, setzte sich in seiner ersten Amorsgestalt auf meinen Schoſs, und begann die goldnen Schwingfedern eine nach der andern aus meinen Flügeln zu ziehen. Ich lieſs es geschehen, weil ich sah, daſs es ihm Vergnügen machte; denn was hätte ich nicht für ihn gethan und gelitten? Aber so bald er die letzte ausgerupft hatte, spannte der Schalk seine Flügel aus, und flog lachend mit seiner Beute davon. Von unaussprechlichem Schmerz erdrückt, wollt' ich ihm nacheilen, aber fort waren meine Schwingen, ich sank zu Boden, und — erwachte, mit schrecklichem Herzklopfen, an dem ängstlichen Schrey, womit ich dem fliehenden nachgerufen hatte.

Was sagst du zu diesem Traum, Aristipp? Ist er nicht seltsam? Und wie komme ich zu einem solchen Traume? Bin ich abergläubig, wenn ich ihn für etwas mehr als ein bloſses Spiel der Fantasie halte? Ist es Ahnung oder Warnung von meinem guten Genius? Wenn das, was der Flügelkopf, der mir in diesem Traume mein Ich gestohlen hat, für den Sohn Cytherens fühlte, Liebe ist, so hab' ich nie geliebt; und wahrlich, nachdem ich mich meiner selbst wieder bemächtigt habe, wünsch' ich wachend nie etwas ähnliches zu erfahren.

Aber bin ich nicht eine Thörin, daſs ich mich von einem Traum beunruhigen lasse? —

Seitdem wir uns zum ersten Mahle zu Korinth sahen, sind bereits über zwanzig Jahre verflossen — ich habe während dieser Zeit die auserlesensten Jünglinge und Männer Griechenlands gekannt, habe mit dir, habe mit dem schönen Arasambes gelebt, und mich immer von dieser heillosen Leidenschaft frey erhalten; und sollte noch einen Zweifel in mich selbst setzen? Sollte mich fähig wähnen, dem Alter der Weisheit so nahe, noch zum gemeinen Weibe herabzusinken? — Nein, Aristipp! Ich kann und will nicht glauben, was uns die Dichter überreden wollen, daſs eine Fädra, eine Smyrna, eine Helena, im Zorn der Göttin, wider ihren Willen mit einer unwiderstehlichen Leidenschaft gestraft worden sey! — Aber freylich, wenn so weise Männer wie Sokrates und Xenofon auf die Seite der Dichter treten, und von der Liebe als einer Leidenschaft reden, über welche die Vernunft keine Gewalt hat, und von welcher man eben so unversehens wie von einem Fieber überfallen werden kann, das könnte doch wohl einen Weiberkopf, der nie auf groſse Weisheit Anspruch gemacht hat, ein wenig aus der Fassung bringen? Ich weiſs nicht, ob dir Xenofons Cyropädie bereits zu Gesichte gekommen, da es noch nicht lange ist, daſs Abschriften davon bey den Bibliopolen zu haben sind. Auf alle Fälle schicke ich dir hier ein Exemplar, das ich von dem besten Schönschreiber in Korinth für dich habe abschreiben lassen; denn ich kann das Vergnügen, so mir dieses in seiner Art einzige Dichterwerk gemacht hat, nicht bald genug mit dir theilen. Unglücklicher Weise wirst du einen gewissen Araspes darin finden, der über die Macht der Liebe eben so profane Gedanken hegte wie wir, aber seinen Übermuth durch eine schreckliche Erfahrung büſsen muſste. Ich gestehe dir, nicht ohne Schamröthe, daſs mir beym Lesen dieser Geschichte das Herz ein wenig pochte, und bald darauf kam mir der verhaſste Traum!

Ich bitte dich, Freund Aristipp, beruhige mich wenn du kannst; oder ist dir irgend ein Moly gegen den Zauber der Liebe bekannt, auf dessen Tugend man sich verlassen kann, so sage mir wo es zu finden ist, und ich gehe selbst es zu suchen, wenn ich es auch aus dem Schnee des Kaukasus hervorscharren müſste.

29.

Aristipp an Lais.

Dein Traum, schöne Freundin, und noch mehr deine Angst vor dem Gedanken, daſs er in Erfüllung gehen könnte, hat mich nicht wenig belustiget. Wir wollen nichts verschwören, Laiska! Die Dichter sind die glaubwürdigsten aller Menschen, denn sie sagen uns ja nichts als was ihnen die Musen eingeben,

— die alles wissen was war, was ist, und
was seyn wird.

Was den schönen Smyrnen, Fädren, Helenen u. s. w. begegnet ist, warum sollt' es der schönen Lais nicht eben so wohl begegnen können? Welche Sterbliche hat Afroditens Eifersucht mehr gereitzt, Amors Allmacht länger und verwegener getrotzt, als die schöne Lais? — Auf alle Fälle ist es glücklich für dich, daſs du, der Ungnade ungeachtet, worein du bey den Göttern von Pafos gefallen bist, noch einen Freund unter den Unsterblichen hast, der dir diesen warnenden Traum zuschickte. Man hat zwar Beyspiele, dafs Träume, (sogar eben so sinnreiche und vielbedeutende wie der deinige) ganz und gar nichts bedeutet haben. Aber freylich, dafs dir das alles im Lande der Flügelköpfe begegnete, ist allerdings ein bedenklicher Umstand; und wenn du nicht (wie es scheint) kurz zuvor, ehe dir dieser Traum in der ambrosischen Nacht zugeschickt wurde, die Geschichte des Araspes und der schönen Panthea gelesen hättest, würde ich selbst vielleicht zweifelhaft seyn, was ich aus ihm machen sollte.

Aber ernsthaft von einer so ernsthaften Sache zu reden, sollte denn das Beyspiel eines Araspes, der (wie du mir zuversichtlich glauben kannst) aufser der Einbildungskraft des Dichters der Cyropädie nirgends existiert hat, von so schwerem Gewichte seyn, dafs es eine so weise, ihrer selbst so mächtige, und durch eine Erfahrenheit von zwanzig Jahren zum ruhigsten Selbstvertrauen so sehr berechtigte Frau, wie meine Freundin Lais ist, furchtsam machen müfste? Nein, bey Artemis und Pallas Athene! das ist es nicht; ob ich ihm gleich das Verdienst, leichte, unerfahrne, jugendlich übermüthige Flügelköpfe vor Schaden zu warnen, nicht absprechen will. An solche, wahrlich nicht an unsers gleichen, dachte Xenofon, da er diese schöne sokratische Episode in sein treffliches Buch einwebte. Der Kern, der diese Frucht hervorgebracht, ist vermuthlich eine Erinnerung aus seiner bey dem Attischen Weisen zugebrachten Jugend; denn die Moral, die er dem Cyrus in den Mund legt, ist die nehmliche, womit Sokrates einst ihm selbst eine heilsame Furcht einzujagen suchte, da er sich gewundert hatte, wie jener einen bloſsen Kuſs, den der junge Kritobulus dem schönen Knaben des Alcibiades gegeben hatte, für eine so gefährliche Sache halten könne, daſs nichts tollkühnes sey, was sich nach einer so vermessenen That nicht von ihm erwarten lasse. Kurz, Xenofons Araspes und Panthea ist weder mehr noch weniger, als der Inhalt des bey jener Gelegenheit zwischen ihm und Sokrates vorgefallnen Gesprächs, zu einer vollständigen Geschichte ausgebildet. Diese schöne Dichtung ist geschrieben dich zu ergetzen, nicht zu ängstigen; und ich weiſs dir keinen bessern Rath, als sie so oft wieder zu lesen, bis du über deine unnöthige Furcht selber lachen muſst. Wahr ist es allerdings, daſs allzu groſse Zuversichtlichkeit verwegen macht; aber, wenn Verwegenheit uns oft in Gefahr stürzt, so hilft sie uns noch öfter aus Gefahren heraus. Der Muthige trotzt der Gefahr und entgeht ihr; der Feige verliert mit der Kraft des Widerstehens zugleich die Kraft zu fliehen, und gegen Einen, der durch zu viel Muth umkommt, gehen zwanzig Furchtsame zu Grunde. Indessen weil auch dem Muthigen Vorsicht geziemt, lafs uns annehmen, dein Traum sey das Werk eines warnenden Dämons: wovor warnt er die Träumerin? Vor einem verkappten Amor, der seiner Psyche die goldnen Schwingfedern ausrupft, um lachend mit seinem Raube davon zu fliegen. Wohl! du hättest also keine Entschuldigung gegen dich selbst, wenn dir jemahls so etwas begegnete; du bist gewarnt!

Zwar, wofern die Liebe eine so gewaltsame und unbezwingbare Leidenschaft wäre, wie Xenofons Cyrus behauptet, was sollte die Warnung? Es hiefse, dem Unglücklichen, der von der Gewalt des Stroms in eine Untiefe hinabgezogen wird, zurufen; nimm dich vor dem Strudel in Acht! Aber zu gutem Glücke bestürmt uns der furchtbare Tyrann der Götter und der Menschen Eros nicht sogleich mit seiner ganzen Jünglingsstärke: er ist erst liebkosendes Kind und spielender Knabe;

und so lange er diefs ist, giebt es ein Mittel ihm zu entgehen. Es ist eben nicht das ehrenvollste; aber es ist sicher, unfehlbar, und überdiefs wie Xenofons Cyrus sagt, das einzige. Also, liebe Laiska, sobald dir ein Adonis vor die Augen kommt, von dem du dich, wie in deinem Traume, mit einem nie zuvor gekannten Zauber angezogen fühlst, so schliefse die Augen, und eile, eile was du kannst — zu deinen Freunden nach Cyrene. Vermöchten wir gleich nicht, dir alles zu ersetzen, was du zu Korinth und Ägina zurücklassen würdest, so könntest du doch schwerlich den allmählich herannahenden Abend deines schönen und glücklichen Lebens in besserer Gesellschaft zubringen, als in dem häuslichen Zirkel deiner Freunde Kleonidas und Aristipp, wo du deine Musarion, von kleinen ungefährlichen Amorinen umgeben, wieder finden, und dir aus der Schwester unsers Kleonidas eine neue Freundin machen würdest. Dein Herz wird dir bey ihrem ersten Anblick sagen, sie sey werth es zu seyn, und dafs sie sich beeifert deinen Aristipp glücklich zu machen, wird ein Verdienst mehr in deinen Augen seyn. Ich gestehe dir, Laiska, ich bin in diesen meinen Traum verliebt, und wenn der deinige eine so schöne Frucht hervorbrächte, würde ich glauben, dafs er dir unmittelbar von der holden Grazie Pasithea selber zugeschickt worden sey.

30.

Antipater an Aristipp.

Nach einem vierjährigen Aufenthalt habe ich mich endlich nicht ohne ein seltsames Gemisch sehr ungleichartiger Gefühle von der herrlichen Athenä, vermuthlich auf immer, losgerissen, um nun auch von den vorzüglichsten Städten der Pelopsinsel und Siciliens so viel Kundschaft durch mich selbst einzuziehen, als zu meinem dir bekannten Zweck nöthig ist, und als die mancherley Verbindungen mir verschaffen können, zu welchen ich im Mittelpunkt der ganzen Hellas so viele Gelegenheit fand. Aber wo werde ich eine Stadt sehen, die jenem Lieblingssitze Minervens den Vorzug streitig machen könnte? Ich habe Bürger aus beynahe allen Griechischen Städten kennen gelernt, und keinen gefunden, der ihr die seinige ohne Schamröthe oder aus einem andern Grunde vorzuziehen vermocht hätte, als dem Zauber, der uns an den Ort fesselt, wo wir das goldne Alter des Menschenlebens zugebracht haben. Was muſs Athen für den seyn, der das Glück hatte, in ihrem Schoſs aufzublühen? Wie natürlich kommen mir alle jene weltgepriesenen Thaten vor, die jemahls für eine solche Stadt von ihren Söhnen gethan wurden? — Und wenn ich bedenke, was sie erst seyn könnte, wenn sie den Gesetzen und der Verfassung ihres eben so klugen als weisen Solons treu geblieben wäre! — Was sie jetzt noch werden könnte, wenn sie anstatt ihrer stürmischen Volksherrschaft sich eine wohlgeordnete Aristokratie gefallen lassen, und statt der gefährlichen Eitelkeit, auf ihre eigenen und der ganzen Hellas Kosten nach einer Obergewalt, die ihr nie gutwillig zugestanden wird, zu streben, sich an dem hohen Vorzug begnügen wollte, das zu seyn wozu ihr Nahme selbst sie bestimmt, der Hauptsitz aller Künste des Friedens und der Musen, das Muster der schönsten Ausbildung, die Besitzerin der weisesten Gesetze, der mildesten Regierung, der menschlichsten Sitten, des feinsten Sinnes für alles Schöne und Groſse, der vollkommensten und zierlichsten Sprache, und der angenehmsten Art des Daseyns zu genieſsen, kurz, durch Vereinigung alles dessen, was des Menschen Leben veredelt und verschönert, die erste Stadt der Welt zu seyn: wer würde dann nicht das Glück in Athen zu leben allem andern vorziehen, und die Nothwendigkeit, sie zu verlassen, für das gröſste aller Übel halten? — Platon und Isokrates haben wahrlich keine Schuld, wenn Athen nicht dieses Urbild einer vollkommenen und glücklichen Republik ist — Aber die Sterblichen scheinen weder aufgelegt noch geneigt zu seyn, den Idealen ihrer Weisen Wirklichkeit zu geben, und unter allen Erdebewohnern die Athener vielleicht am wenigsten. Indessen, wie sie sind, habe ich ihnen und ihrer Stadt viel zu danken; und dieses Gefühl war es auch, was alle übrigen verdrängte und verschlang, als ich von einer Anhöhe auf dem Wege nach Eleusis den letzten Blick auf den hellbesonnten Tempel der Athene Polias heftete.

Zu Korinth bin ich von deinem Freunde Learch auf die verbindlichste Art genöthiget worden, meine Wohnung in seinem gastfreundlichen Hause zu nehmen. Ich gedenke ungefähr einen Monat hier zu verweilen, und dann die übrigen Städte dieses schönen Hauptstückes von Griechenland, das an Merkwürdigkeiten aller Art so reich ist, der Reihe nach zu besuchen.

Die schöne Lais hat seit einiger Zeit ihre vormahlige Lebensweise gänzlich abgeändert. Ihr Haus ist nur noch etlichen ältern Freunden, und keinem Fremden, der nicht von einem derselben bey ihr eingeführt wird, offen. Sie erscheint gar nicht mehr öffentlich, giebt keine grofsen Gastmahle mehr, und zu den kleinen Symposien, woran sie einst so viel Belieben fand, werden selten mehr als zwey oder drey von ihren vertrautern Bekannten eingeladen. Learch scheint dermahlen in vorzüglicher Gunst bey ihr zu stehen, und mit ihm und — meinem Freunde Diogenes habe ich schon einige Mahl den Abend bey ihr zugebracht. Man spricht viel zu Korinth von diesem so raschen und sonderbaren Sprung von der höchsten Pracht und Üppigkeit einer Asiatischen Satrapin zu einer beynahe misanthropischen Eingezogenheit, und jedermann sucht sich das Wunder auf seine eigene Weise zu erklären. Die meisten halten es für eine traurige Folge des übermäfsigen Aufwandes, den sie mehrere Jahre lang zu Korinth und Ägina gemacht: nach andern soll ein gewisser komischer Dichterling, Epikrates von Ambracien, Schuld daran seyn. Dieser, sagt man, hatte sich lange Zeit alle nur ersinnliche Mühe gegeben, sich in ihre Gunst einzuschmeicheln, und fiel ihr zuletzt mit seiner Zudringlichkeit so überlästig, daſs sie sich, gegen ihre Gewohnheit, die Freyheit nahm, ihn mit Verachtung abzuweisen; was vermuthlich nicht geschehen wäre, wenn sie die mindeste Ahnung gehabt hätte, wie weit eine verboſste poetische Wespe die Rache zu treiben fähig ist. Der wüthende Komiker rächte sich an ihr durch eine sogenannte Anti-Lais, die an Bosheit und Bitterkeit selbst die berüchtigten Jamben des Archilochus übertrifft, und wirklich in ihrer Art für ein Meisterstück gelten kann. 10) Indessen hat Lais gleichwohl alle Ursache, eben so gleichgültig bey diesem Schmähgedichte zu seyn, als es Sokrates bey den Aristofanischen Wolken war: denn das schändliche Zerrbild, das der beleidigte Witzling von ihr aufgestellt hat, sieht ihr nicht ähnlicher, als der After-Sokrates des Attischen Satyrs dem Sohne des Sofroniskus. Auch habe ich sie selbst darüber ganz unbefangen scherzen gehört, und in Korinth wenigstens ist niemand, der, wenn er gleich die Verse mit Vergnügen las, von dem Verfasser nicht mit der gröſsten Verachtung spräche. Ich müſste mich sehr irren, oder die wahre Ursache der Veränderung, die den Korinthiern so seltsam vorkommt, liegt viel tiefer als sie sich einbilden. Lais ist noch nicht vierzig Jahre alt; ihre Schönheit ist von der dauerhaftesten Art, und was sie vom Glanz der ersten Jugendblüthe verloren haben kann, wird durch die Kunst des Putztisches so leicht ersetzt, daſs ihr niemand, der sie zum ersten Mahle sieht, über fünf und zwanzig geben wird. Eben so leicht würde es ihr seyn, die Erschöpfung ihrer Kasse zu ersetzen, wofern diese der Grund ihrer veränderten Lebensart wäre; denn es hinge noch bloſs von ihr ab, so viele freygebige Anbeter zu haben als sie wollte. Ich kenne sie vielleicht noch nicht genug, daſs ich mir anmaſsen dürfte, sie errathen zu haben: aber alles was mir, seitdem ich sie zu Ägina täglich zu sehen Gelegenheit hatte, eine ziemlich ruhige Beobachtung von ihrem Innern verrathen hat, überzeugt mich, daſs sie mit sich selbst unzufrieden ist, und wider Willen gewahr wird, sie habe die Glückseligkeit auf dem unrechten Wege gesucht, aber von dem einzigen, worauf die Natur selbst ihr Geschlecht leitet, sich schon zu weit entfernt, als daſs sie nun daran denken könnte, ihn noch einzuschlagen. Ich bin gewiſs, eine innerliche Stimme, die sich weder durch Vernünfteley noch Zerstreuung beschwichtigen lassen will, nöthigt sie, das Loos Musarions und Kleonens beneidenswerth zu finden, wiewohl ihr Stolz ihr nie erlauben wird es zu gestehen. Aber dafs es Augenblicke giebt, worin sie es sich selbst gestehen mufs, und dafs diese Augenblicke immer häufiger kommen, das ist es vermuthlich, was sie mit sich selbst in Zwietracht setzt, und ihr zu einer Quelle peinlicher Empfindungen wird, welche sie wechselsweise bald unter einer reitzend muthwilligen, bald witzelnden, bald filosofierenden Laune zu verbergen sucht, aber durch die Anstrengung, die es sie zuweilen kostet, nur zu sichtbar macht. Übrigens scheint mir auch ohnediefs nichts natürlicher, als dafs sie ihrer bisherigen Lebensart endlich überdrüfsig werden mufste. Hat Sie nicht von allem, was man auf dem Wege, den sie einschlug, geniefsen kann, das Höchste bis zur Übersättigung genossen? Was bleibt ihr übrig? Die Anbetung der Männer und der Hafs der Weiber kann ihr kein Vergnügen mehr machen. Die Täuschungen, wodurch die Eitelkeit, Unschuld, oder Schwäche eines schönen Weibes sich selbst über das, was die Männer Liebe nennen, verblenden kann, hat vermuthlich bey ihr nie Statt gefunden; und das Spiel, das sie so lange mit ihnen getrieben hat, macht ihr so wenig Kurzweile mehr, als die ewigen

Feste und lärmenden Lustbarkeiten, wo die Freude eben darum immer auszubleiben pflegt, weil sie so laut und gebieterisch herbeygerufen wird. Ihr prächtiges Haus, ihr zauberischer Landsitz zu Ägina, die Juwelen und Kostbarkeiten aller Art, womit Arasambes sie überhäufte, ihre Gemählde und Statuen, die Umgebung von einer ganzen Schaar auserlesener talentvoller Mädchen, die sich in die Wette beeifern ihr Vergnügen zu machen, das Alles besitzt sie schon zu lange, als dafs es noch einigen Reitz für sie haben könnte. Die arme Frau hat alles, das Einzige ausgenommen was sie glücklich hätte machen können; und diefs Einzige ist nicht mehr in ihrer Gewalt, und ist es vielleicht nie gewesen!

Bey allem dem, solltest du wohl glauben dafs sie mir in diesem Zustand von Verstimmung, oder vielmehr in dieser Abstimmung aller Saiten der Laute, die einst so bezaubernde Harmonien von sich gab, in einem gewissen Sinne gefährlicher ist, als vor drey Jahren, da sie noch Vergnügen daran fand, auf ihrem prunkenden Siegeswagen über die Köpfe und Herzen aller Männer wegzurasseln? Ich kann es mir selbst nicht erklären; aber ich halt' es für unmöglich, dafs sie in der ersten Blume der Jugend so liebreitzend gewesen seyn könne als jetzt; und (aufrichtig zu reden) wofern sie etwa in den nächsten zwanzig Tagen, die ich hier noch zuzubringen habe, in die Laune käme meine Weisheit wieder auf die Probe zu stellen, — ich weiſs nicht — aber wenigstens hab' ich mich selbst schon mehr als Einmahl über dem heimlichen Vorsatz ertappt, ihr das Vergnügen des Sieges nicht sehr theuer zu verkaufen.

Learch trägt mir auf, ihn in deinem Andenken zu erhalten, und gedenkt es selbst zu thun, sobald er dir etwas interessantes zu schreiben haben werde. Die groſse Kunde, die er von der innern Verfassung der Griechischen Staaten, von ihrer ältern und neuern Geschichte, ihrer Stärke und Schwäche, und dem verschiedenen Interesse, worauf ihre dermahligen Verbindungen und Miſshelligkeiten beruhen, besonders die genaue Kenntniſs, die er von seiner eigenen Vaterstadt besitzt, macht den Aufenthalt bey ihm um so lehrreicher für mich, da er ein Vergnügen daran findet, mir so viel davon mitzutheilen als ich zu meinem Zwecke nöthig habe. Er lebt, wie du weiſst, seiner Abstammung, seiner persönlichen Vorzüge, und seines Reichthums wegen, zu Korinth in groſsem Ansehen;

aber er liebt die Ruhe, die Künste und den angenehmen Lebensgenufs, wozu ihn sein grofses Vermögen berechtigt, zu sehr, um eine bedeutende Rolle unter den Griechen spielen zu wollen; zumahl in dem gegenwärtigen Zeitpunkt, wo man zu Erhaltung des zweydeutigen Friedens, womit der Spartaner Antalcidas die alte Zwietracht der Söhne Deukalions einzuschläfern gesucht hat, durch die möglichste politische Unthätigkeit noch am meisten beytragen kann.

Learch besitzt die reichste und auserlesenste Sammlung von Gemählden, die ich noch gesehen habe. Er hat, beynahe von den Windeln der Kunst an, von jedem Meister wenigstens Ein Stück aufzuweisen; und von Parrhasius, Zeuxis, Pauson und Euxenidas mehr als man (wie ich von vielgewanderten Personen gehört habe) bey irgend einem Privatmann antrifft. Er ist sehr stolz auf die beiden trefflichen Stücke von unserm Kleonidas; diese, und ein Urtheil des Paris von Timanth, und die berühmte kleine Leda des Parrhasius, (die er durch einen glücklichen Zufall in seine Gewalt bekommen hat) sind die einzigen, die in einem zierlich gearbeiteten Schranke verwahrt stehen, und den Liebhabern erst, wenn sie sich an allem übrigen satt gesehen haben, aufgeschlossen werden.

Wenn es nicht gar zu unartig wäre, auf einen Mann, der mir unverdienter Weise so viel Gutes erzeigt, neidisch zu seyn, so hätte ich vermuthlich Ursache genug dazu; denn es ist mehr als wahrscheinlich, daſs mein edler Wirth bey der schönen Lais dermahlen den Platz einnimmt, den er durch die geduldigste Beharrlichkeit mehr als zu wohl verdient hat. Er bringt beynahe alle Abende bey ihr zu, und man kann das Glück, die dritte oder vierte Person an ihrer kleinen Tafel zu seyn, nur durch ihn erlangen. Ich werde also wohl meine Weisheit unversucht von Korinth nach Argos tragen müssen.

Learch hat sich erboten, deine Briefe an mich zu befördern, wenn du Zeit und Neigung haben solltest, mir zu schreiben. Ich grüſse Kleonen, Musarion und Kleonidas, und bitte sie, meiner eingedenk zu bleiben.

31.

Aristipp an Antipater.

Die Gefühle womit du von Athen Abschied nahmst, lieber Antipater, haben mich sehr lebhaft erinnert, wie mir selbst vor einigen Jahren in eben demselben Falle zu Muthe war, und schwerlich wird Jemand, der einen langen Aufenthalt in dieser von so vielen Seiten anziehenden und an sich fesselnden Stadt gehörig zu benutzen fähig war, sich mit andern Gefühlen auf immer von ihr los reifsen können. Auch die politischen Betrachtungen, die du mir bey dieser Gelegenheit mittheilst, stimmen sehr mit meiner ehmahligen Meinung überein. Aber ich habe seitdem gefunden, dafs wir uns fast immer irren, wenn wir meinen, die Dinge in der Welt würden, wofern sie anders gegangen wären, besser gegangen, oder das Gute, das uns recht ist, würde auch ohne das damit verbundene Schlimme, das uns nicht recht ist, erfolgt seyn.

Ich zweifle z. B. nicht, dafs Athen bey der Solonischen Verfassung — wenn sie unverändert beybehalten worden wäre, und nichts von aufsen ihr Emporkommen verhindert hätte — eine wohlhabende, blühende, auf lange Zeit glückliche Stadt geworden wäre: aber was sie jetzt ist, was wir am meisten an ihr bewundern, was sie zur Einzigen in ihrer Art und zur wahren Hauptstadt der Welt macht, hat sie durch zwey Männer von sehr ähnlichem Schlage, durch Pisistratus und Perikles erhalten, und diese hätten in der Solonischen Aristo-Demokratie nimmermehr das Ansehen, die Gewalt und die Mittel erlangen können, ohne welche das, was sie zu Verherrlichung und Verschönerung Athens gethan haben, nicht zu Stande gebracht werden konnte. Nur auf den Flügeln einer sehr grofsen Popularität konnte sich Pisistratus zur Alleinherrschaft emporschwingen, und trotz alles Widerstandes der übrigen Aristokraten bis an seinen Tod darin erhalten; und nur in einer Stadt, wo die höchste Gewalt in den Händen der Volksgemeine lag, konnte Perikles durch seine demagogischen Künste und Talente, indem er sich für einen blofsen Diener des Volks gab, zwanzig Jahre lang ruhiger und unbeschränkter regieren als Pisistratus. Es bedarf, um sich hiervon zu überzeugen, nur einen Blick auf das, was Athen vor der sogenannten Tyrannie des letztern war, und was es hundert und zwanzig Jahre später durch Perikles ward. Als die eigentliche Staatsverwaltung noch gröſstentheils in den Händen der alten Geschlechter lag, konnten sogar die Megarer den Athenern die Spitze bieten; konnten ihnen den Besitz der kleinen, beynahe an das Attische Ufer anstoſsenden Insel Salamin nicht nur viele Jahre lang streitig machen, sondern sie sogar zu der schmählichen Maſsregel treiben, daſs sie die Todesstrafe darauf setzten, wenn sich jemand wieder unterstehen würde, den Athenern die Wiedereroberung von Salamin anzurathen. Als hingegen Perikles in dem rein demokratischen Athen alles vermochte, wuchs diese Republik zusehends zu einer Macht heran, die der ganzen Hellas und den Persischen Monarchen selbst furchtbar ward; und Alcibiades durfte ihnen sogar die Eroberung von Sicilien anrathen, ohne daſs sie eine so miſsliche Unternehmung über ihre Kräfte hielten. Erst durch Perikles ward Athen der Sitz der Künste und der Filosofie, und um es werden zu können, muſsten Umstände sich vereinigen, die nur unter diesen Bedingungen zusammentreffen konnten, muſsten eine Menge seltner Menschen, die nur unter diesen Umständen entstehen konnten, das ihrige dazu beytragen; — wie du dich leicht überzeugen wirst, wenn du die Geschichte der letzten achtzig Jahre in dieser Rücksicht unbefangen überdenken willst. Übrigens gebe ich zu, dafs es blofs ein glücklicher Zufall war, der dem demokratischen Athen einen so aufgeklärten und grofsherzigen Demagogen wie Perikles gab; und dafs eben diese Freyheit, welche die natürlichen Anlagen des Attischen Volkes für Kunst und Wissenschaft so mächtig in die Höhe trieb, auch alle seine Unarten und Untugenden entwickelte, alle seine Leidenschaften entfesselte, und indem sie seiner Eitelkeit, Herrschbegier und Habsucht eine unabsehbare Rennbahn öffnete, die erste Ursache seiner Verderbnifs, seiner theuer bezahlten Thorheiten und seines fortwährenden Sinkens wurde. Die Höhe, auf welche Perikles seine Republik erhob, machte sie schwindlicht; sie taumelte, sank und fiel, und wird nicht aufhören zu fallen, bis sie, mit allen ihren dermahligen Nebenbuhlerinnen, ihre politische Selbstständigkeit gänzlich verloren haben wird. Nicht wenn die Athener nach der Obergewalt zu streben aufhören werden, sondern wenn sie aufhören müssen, weil von dieser Seite nichts mehr zu erstreben seyn wird, mit Einem Worte, wenn die stolze Königin der Städte zu einer Munizipalstadt irgend eines grofsen Reichs, das vielleicht jetzt schon im Werden ist, herabgekommen seyn wird, nur dann wird dein frommer Wunsch in Erfüllung gehen. Sie wird den Völkern der Erde durch das, was sie ehmahls war, immer ehrwürdig bleiben; ihre Ruhmbegierde, sobald sie ihren dermahligen Ansprüchen auf ewig entsagen mufs, wird eine andere und für sie selbst wohlthätigere Richtung nehmen; sie wird die erste Schule der Wissenschaften, des Geschmacks und der feinern Sitten, der allgemeine Tempel der Musen und Grazien für alle Nazionen seyn, und seine Bewohner werden im Schoofs der goldnen Mittelmäfsigkeit und Genügsamkeit eines unbeneideten Glücks geniefsen, für welches ihre Vorfahren zur Zeit ihres höchsten Glanzes keine Empfänglichkeit hatten, und woran sie sich auch nicht hätten genügen lassen, so lange sie sich noch mit der Möglichkeit schmeichelten, das Ziel ihrer ungezügelten Wünsche erringen zu können. [11])

Es klingt vielleicht seltsam, aber meinem Begriff nach hat es mit der schönen und stolzen Lais so ziemlich eben dieselbe Bewandtnifs wie mit der schönen und stolzen Athenä. Du glaubst Lais habe ihre Bestimmung verfehlt; sie fühle nun, da es zu spät sey, dafs ein liebenswürdiges Weib nach keinem höheren Ziel trachten sollte als das häusliche Glück eines einzigen Mannes zu machen, und dieses ihr wider Willen sich aufdringende Gefühl sey die wahre Ursache des geheimen Mifsmuths, den sie vergebens zu bekämpfen suche. Es ist sehr möglich, dafs ihr in ihrer dermahligen Verstimmung (wie du ihren Zustand sehr treffend bezeichnest) dergleichen Gedanken zuweilen durch den Kopf laufen: aber sie hat einen zu hellen Blick und ein zu lebhaftes Selbstgefühl, um sich nicht bewufst zu seyn, dafs sie niemahls eine Hausfrau wie Musarion und Kleone abgegeben hätte. Und gesetzt, sie hätte sich die Pflicht auferlegt das Glück eines Einzigen zu machen, so würde sie gewesen seyn was tausend andere sind; die Welt hätte nichts von ihr gewufst, und sie hätte nicht Europen und Asien mit ihrem Ruf erfüllt; die Künstler hätten sich nicht in die Wette beeifert, sie zum Modell ihrer schönsten Werke nehmen zu dürfen, ihr Bild wäre nicht, in so manchem Tempel aufgestellt, ein Gegenstand der öffentlichen Anbetung geworden; kein Neffe des Königs von Persien hätte seine Schätze für sie verschwendet, und kein Aspendier den Verstand durch sie verloren und wieder bekommen. Und was hätte nun die in ihr Frauengemach und ihre Kinderstube eingeschlossene, und in die Gesellschaft ihres Mannes und ihrer Verwandten gebannte Matrone Lais mit der überschwänglichen Lebhaftigkeit des Geistes, und der üppigen Einbildungskraft und dem reitzend muthwilligen Witz, und mit allen den unerschöpflichen Gaben und Künsten zu gefallen und zu bezaubern, worin die Hetäre Lais nicht ihresgleichen hat, anfangen sollen? Oder vielmehr, hätte sie wohl auf einem andern Wege, als den sie gegangen ist, zu dieser vollendeten Ausbildung und höchsten Verfeinerung aller ihrer Naturgaben gelangen können? und wär' es nicht Schade, wenn sie nicht dazu gelangt wäre? Wahrlich nur auf diesem Wege konnte sie werden was sie ist, die einzige in ihrer Art, die liebenswürdigste und vollkommenste, so wie die schönste und reitzendste, aller — Hetären; denn sie mit irgend einer Matrone vergleichen zu wollen, wäre gegen beide gleich ungerecht. Verlangen dafs sie etwas anderes, wenn gleich in gewissen Sinne besseres, hätte werden sollen, ist so viel als verlangen, Lais sollte gar nicht gewesen seyn; etwas, das wenigstens sie selbst niemahls im Ernste wünschen kann. — „Aber sie fühlt sich nicht glücklich!“ — Das ist nun einmahl das Loos aller, die nach dem Höchsten trachten, was ihnen ein grenzenloser Stolz zum Ziel vorsteckt; denn über lang oder kurz kommt eine Zeit, wo sie fühlen, daſs sie das nicht erreicht haben wornach sie trachteten. Aber ohne diesen Stolz wäre sie auch mit allen ihren angebornen Reitzen und Vorzügen nur ein gewöhnliches Weib geblieben. Wer Honig haben will, muſs auch Bienen haben, sagt das Sprichwort. Übrigens hat sich wohl niemand weniger über das Maſs von Glückseligkeit, das ihm zu Theil ward, zu beklagen als Lais; denn ich zweifle sehr, daſs jemahls eine Sterbliche zu einem so hohen Grad von Selbstgefühl und Selbstgenuſs gelangt sey als sie. Wurden nicht zwanzig Jahre lang alle ihre Wünsche in vollestem Maſse befriediget? Oder meinst du sie habe sich nicht sehr glücklich gefühlt, als sie sich überall wie die sichtbar erschienene Liebesgöttin angestaunt und angebetet sah, als alle Männer zu ihren Füſsen lagen, und sie, ohne die mindeste Gefahr für sich selbst, mit Amors Bogen und Pfeilen das muthwilligste Spiel treiben konnte? Daſs sie dessen endlich überdrüſsig werden muſste; daſs von allem, was das Glück ihr so verschwenderisch zugeworfen, ihr nichts mehr Vergnügen zu machen scheint; daſs sie nichts neues mehr zu geniefsen sieht, nachdem sie alles, wofür sie Empfänglickeit hat, im höchsten Grad und Mafs schon so lange genossen hat, — alles diefs ist zu natürlich, als dafs sie verlangen dürfte, es sollte anders seyn. Auf Vollgenufs folgt Sättigung, auf Überfüllung Ekel. Vor dem letztern hat sie sich immer klüglich zu hüten gewufst; jener hilft Enthaltung ab. Im schlimmsten Fall müfste sie nun von der Erinnerung zehren; und ist auch diefs nicht am Ende das gemeine Loos der Menschheit?

Ich besinne mich noch sehr lebhaft der ersten traulichen Unterredung, die ich mit ihr zu Ägina hatte, da sie, wie der junge Herkules des Prodikus, auf dem Scheideweg zu stehen schien, und von mir verlangte, dafs ich ihr rathen sollte. Ich konnte deutlich genug sehen dafs sie schon entschieden war, und rieth ihr also, zu thun was sie nicht lassen könne. Das Ideal eines Weibes, wie noch keines gewesen war, und vielleicht in tausend Jahren keines wieder kommt, schwebte ihr so reitzend vor der Stirne, dafs sie dem Verlangen nicht widerstehen konnte, es in ihrer Person darzustellen. In kurzem hatte sie sich dermafsen darein verliebt, dafs Sokrates selbst, als sie sich (unerkannt, wie sie glaubte) unter dem alten Öhlbaum der Athene Polias mit ihm unterhielt, aller seiner Überredungskunst vergebens aufbot, ihr ein anderes höheres Ideal an dessen Stelle in die Seele zu spielen. Sie fühlte sich geboren Lais zu seyn, wie sich einer zum Mahler oder Flötenspieler, zum Dichter oder Heerführer geboren fühlt; und wenn man das, wozu eine Person alle mögliche Anlagen, die entschiedenste Lust und die gröſsten Aufmunterungen von auſsen hat, — das, was sie am besten kann, was ihr am besten ansteht, und worin sie von niemand übertroffen wird, wenn man das ihre natürliche Bestimmung nennen kann, so sehe ich nicht, wie wir der schönen Lais absprechen können, die ihrige bisher erfüllt zu haben. Überhaupt ist es immer schwer, öfters miſslich und nicht selten unmöglich, einzelnen Personen, die über den Weg, den sie im Leben einschlagen sollen, noch ungewiſs sind, mit Zuverlässigkeit zu sagen was ihre Bestimmung sey. Die Natur schickt uns, wie es scheint, mit lauter unbestimmten Anlagen in die Welt, und was daraus werden soll, hängt gröſstentheils von äuſserlichen Umständen ab, über welche wir, in den Jahren wo ihr Einfluſs gerade am meisten entscheidet, die wenigste Gewalt haben. Indessen würde doch, glaube ich, ein Gott, der das ganze, uns unsichtbare Gewebe der innern Anlagen eines Menschen zu durchschauen vermöchte, das, wozu ihn diese Anlagen vor allem andern bestimmen, unfehlbar entdecken; denn in der Natur giebt es nichts wirklich unbestimmtes. Je lebendiger also das Selbstgefühl bey einer Person ist, desto mehr ist zu vermuthen, daſs sie, wenn die äuſsern Umstände ihr völlige Freyheit lassen, sich selbst für diejenige Lebensweise bestimmen werde, zu welcher sie durch ihre ganze Naturanlage vor allen andern geschickt gemacht ist. War dieſs nicht ganz eigentlich der Fall mit Lais? Sie wurde von dem eigenen Wege ihrer freyen Wahl durch die Umstände nicht nur nicht abgehalten, sondern im Gegentheil sehr verführerisch eingeladen keinen andern zu gehen. Die Art der Erziehung, welche sie, von ihrem achten Jahre an, im Hause des reichen und wollüstigen L e o n t i d e s erhielt, dessen Liebling sie war, und von welchem sie auf alle mögliche Weise verzärtelt wurde, — das Bewuſstseyn der seltensten Naturgaben, — eine frühzeitige Unabhängigkeit und die glänzenden Glücksumstände, worin ihr erster pflegeväterlicher Liebhaber sie hinterlieſs, — wie vieles kam nicht zusammen, um ihr einen Stolz einzuflöſsen, der sich mit den gewöhnlichen Einschränkungen ihres Geschlechtes nicht vertragen konnte, und durch Verbindung dieses Stolzes mit dem sittlichen Zartgefühl, womit die Natur sie beschenkt hatte, das vorhin erwähnte Ideal in ihr zu erzeugen, dessen Zauber um so unwiderstehlicher auf sie wirken mufste, da sie sich, im Bewufstseyn ihrer angebornen Kaltblütigkeit zutraute, den aufserordentlichen Karakter, worin sie in der Welt auftreten wollte, immer behaupten zu können. Wie schmeichelhaft mufste ihr der Gedanke seyn, alle Vortheile der vollständigsten Freyheit mit der gehörigen Achtung gegen sich selbst, und jede Befriedigung der weiblichen Eitelkeit mit der entschiedensten Gleichgültigkeit gegen alle Arten von männlicher Versuchung zu verbinden; die ganze Welt in Flammen zu setzen, während sie selbst, gleich den Feuergeistern der Persischen Mythologie, unverletzt in diesen Flammen, als in ihrem Elemente, lebte; kurz, mit dem unvermeidlichen Nahmen und den unbestrittenen Vorrechten einer Hetäre, dem grofsen Haufen durch die Pracht ihrer Lebensart Ehrfurcht zu gebieten, und in den Augen derer, die ihres nähern Umgangs genossen, eine Achtung zu verdienen, die der Weise selbst der Schönheit nicht versagen kann, wenn sie sich nie anders, als von allen sittlichen Grazien geschmückt und umgeben, sehen läſst! — Daſs dieses hohe und wahrscheinlich jeder andern unerreichbare Ideal auch für sie zu hoch stand, wer könnte ihr dieſs zum Vorwurf machen? Wenn hier etwas zu tadeln ist, so ist es, daſs sie sich die Geschicklichkeit zutraute, ihr ganzes Leben durch, so zu sagen, auf einem Spinnefaden fortzutanzen, ohne jemahls aus dem Gleichgewicht zu kommen. Denn mit einer leichtern Kunst wüſste ich die Weisheit der Schönen nicht zu vergleichen, welche nie von der gefährlichen Linie abglitschte, auf der sie sich, im Aufstreben nach einem solchen Ideal, unverwandt bewegen müſste. Übrigens können und wollen wir uns nicht verbergen, daſs sie (wie es zu gehen pflegt, wenn man einmahl zu glitschen angefangen hat) unvermerkt weiter von ihrem Ziele abgekommen ist als sie wohl Anfangs für möglich hielt. Vielleicht ist gerade das erwachte lebhaftere Gefühl der Miſstöne in der schönen Melodie ihres Lebens die wahre Ursache dieser Abstimmung, die du an ihr bemerkt hast. Wenn dieſs, wie ich hoffe, der Fall ist, so möchte ich ihr dazu Glück wünschen. Denn die Scham vor unserm bessern Selbst ist bey edlern Naturen das wirksamste Mittel das gehemmte innere Leben wieder frey zu machen; und die Eingezogenheit, wozu sie sich, mit Verachtung der schiefen Urtheile der Welt, zu entschliefsen den Muth hatte, kann ihrer Wiederherstellung nicht anders als beförderlich seyn. Ein Freund wie Learch, ist in dieser Lage wahres Bedürfnifs für sie; aber auch alles, was sie bedarf; und, so wie ich sie kenne, würde ein Versuch, ihr Einverständnifs mit ihm stören zu wollen, (wofern du eines solchen Gedanken auch fähig wärest) nie zur ungelegnern Zeit gemacht werden können als jetzt, da sie der Achtung und des Zutrauens eines solchen Mannes nöthig hat, um sich wieder mit sich Selbst auszusöhnen.

Lebe wohl, lieber Antipater. Ich brauche dir nicht zu sagen, wie angenehm uns deine Briefe immer seyn werden, und mit wie vielem Vergnügen deine hiesigen Freunde den Zeitpunkt deiner Wiederkunft näher rücken sehen.

32.

Learch an Aristipp.

Der Antheil, den du, mit Kleonidas und Musarion, vermuthlich nie aufhören wirst an den Schicksalen der schönen Lais zu nehmen, macht es mir als einem gemeinschaftlichen Freunde zur Pflicht, Euch von ihrer dermahligen Lage ausführlich zu unterrichten, da Euch vielleicht Gerüchte oder Nachrichten aus minder lautern Quellen zukommen möchten, die Euch ihrentwegen mehr beunruhigen könnten, als, vor der Hand wenigstens, nöthig seyn möchte. Du kennst sie zu gut, lieber Aristipp, um dich nach diesem Eingang nicht auf einen von den wunderlichen Streichen gefafst zu halten, deren ihre Fantasie und Laune ihr schon mehrere gespielt haben: aber des Abenteuers, worin sie dermahlen verwikkelt ist, dürftest du dich doch schwerlich versehen haben. Ich will Euch mit keinem langen Vorbericht aufhalten; aber der Vollständigkeit wegen werde ich dennoch etwas weit aushohlen müssen, und nicht vermeiden können, des Antheils, den ich selbst an dieser Geschichte habe, umständliche Erwähnung zu thun.

Antipater hat dir schon vor geraumer Zeit von der Veränderung Nachricht gegeben, welche Sie bald nach ihrer Zurückkunft aus Thessalien in ihrer Lebensweise vorzunehmen nöthig fand. Es wurde in und ausserhalb Korinth viel Schiefes darüber geschwatzt, vermuthet und gefabelt: das Wahre ist, dass diese Veränderung nicht plötzlich sondern stufenweise vorging, und dass die immer zunehmende Menge und die unbescheidene Zudringlichkeit ihrer öffentlich erklärten Liebhaber diese Massregel schlechterdings nöthig machte. Unter jenen Beschwerlichen befanden sich mehrere Auswärtige, welche die Reise nach Korinth nicht vergebens gemacht haben wollten, da sie bloss der schönen Lais wegen gekommen waren. Überhaupt schienen die Herren durch die letzte Wanderung unsrer Freundin sich berechtigt zu glauben, ihren Ansprüchen einen Nachdruck zu geben, der dem Stolz und dem Zartgefühl einer Frau von so seltnen Vorzügen gleich anstössig seyn musste. Die Reichsten (meist Einheimische) glaubten sich durch die prächtigen

Feste, die sie ihr gaben, ein Recht an ihre Dankbarkeit zu erwerben. Andere hingegen spielten geradezu die Freyer der Penelope, und nahmen von ihrem nur allzu gastfreyen Hause Besitz, als ob sie immer da zu bleiben gedächten; in Hoffnung, sie werde sich durch die unverschämte Art, wie sie darin schalteten, genöthiget sehen, sich desto bälder mit ihnen abzufinden. Die Sache hörte in der That bald genug auf kurzweilig für sie zu seyn; wie sie aber gewohnt ist alles mit guter Art zu thun, so fing sie damit an, sich den Festen und Aufwartungen meiner Korinthischen Mitbrüder nach und nach zu entziehen, und immer seltener große Gastmahle in ihrem eigenen Hause zu geben. Die Fremden, welche auf allerley Wegen Mittel gefunden hatten Empfehlungen an Sie zu erhalten, wurden zwar noch immer fort aufs beste bewirthet; aber Sie selbst erschien, unter mancherley Entschuldigungen, selten bey Tische und im Gesellschaftssahle, und wurde zuletzt, einer vorgeblichen Unpäßlichkeit wegen, gänzlich unsichtbar: und weil die Herren auf den Einfall kommen konnten, die Freyer der Penelopeia auch in den Entschädigungen, welche diese sich zu verschaffen wußten, nachzuahmen, so wurde allen ihren Gesellschafterinnen und Sklavinnen aufs schärfste untersagt, sich vor keinem von ihnen sehen zu lassen, geschweige das geringste zu ihrer Unterhaltung beyzutragen. Dieses Mittel konnte seine Wirkung nicht verfehlen; und da sie sich vollends auf einige Zeit Geschäfte halber von Korinth entfernte, so mufsten die Beschwerlichen endlich das Feld räumen, und Lais war nun nach Ihrer Zurückkunft für niemand mehr zu Hause, als für etliche Freunde vom engern Ausschufs, die durch einige persönliche Eigenschaften und ein gehöriges Betragen diese Unterscheidung verdienten.

Ich glaube nicht dafs Lais einen ältern Bekannten hat als mich. Die vertraute Freundschaft, welche zwischen meinem Vater und dem Eupatriden Leontides Statt hatte, gab mir schon in meiner frühen Jugend Gelegenheit, im Hause des letztern ein und auszugehen, und ich erinnere mich noch sehr wohl, die kleine Lais als ein Mädchen von elf oder zwölf Jahren gesehen zu haben. Der Alte fand grofses Vergnügen daran, seinen kleinen Liebling loben zu hören, und seine Freunde zu Zeugen der aufserordentlichen Anlagen zu machen, die sie in der Musik und Tanzkunst zeigte. Ich hatte damahls etwa achtzehn Jahre, und natürlich konnte mir das schönste Mädchen, das ich noch gesehen hatte, nicht gleichgültig seyn; aber die angenehmen Eindrücke die Sie auf mich machte, streiften nur leicht an mir hin; ich wufste dafs Laiska nicht mein seyn konnte; es fehlte nicht an hübschen Mädchen in Korinth; überdiefs war ich keiner von denen, die sich einbilden, sie müssen alles Schöne, was ihnen zu Gesichte kommt, haben, es koste was es wolle; und es gab viele Dinge, die mir noch lieber waren als ein hübsches Mädchen. Eine Abwesenheit von mehrerern Jahren brachte mir den kleinen Abgott des alten Leontides gänzlich aus dem Sinne. Als ich nach Korinth zurückkam, fand ich Sie auf dem Punkt ihrer schönsten Blüthe, im Besitz der reichen Erbschaft ihres Patrons und einer gänzlichen Unabhängigkeit, von einer Menge Freyer und Anbeter umgeben, mit denen Sie sich auf einen solchen Fufs setzte, dafs keiner ohne alle Hoffnung war, wenige sich eines merklichen Vorzugs, und niemand dessen, wornach sie alle trachteten, zu rühmen hatte.

Keinen Zutritt im Hause der schönen Lais zu haben, wurde damahls in Korinth für ein unzweifelhaftes Zeichen eines schlecht erzogenen und von allen Grazien verabsäumten Menschen angesehen. Ich unterliefs also nicht, von der allgemeinen Freyheit, die Sie allen Meinesgleichen zugestanden hatte, Gebrauch zu machen, zumahl da ich nirgends bessere Gesellschaft, und mehr Gelegenheit mit interessanten Fremden bekannt zu werden, finden konnte als in ihrem Hause. Lais, die ihre eigentlichen Liebhaber so ziemlich auf dem nehmlichen Fuſs behandelte, wie andere Schönen ihre Schoſshündchen, Katzen, Wachteln und Sperlinge, ermangelte nicht diejenigen zu unterscheiden, deren Anhänglichkeit an sie mehr auf die seltnen Vorzüge ihres Geistes, als auf übel verhehlte Ansprüche an ihre Schönheit, gegründet war; und da ich das Glück hatte einer von jenen zu seyn, so fand sich unvermerkt, daſs ich mich unter die Wenigen zählen durfte, denen Sie eine schmeichelhafte Art von Achtung dadurch bewies, daſs sie von ihren häuslichen Angelegenheiten mit ihnen sprach, sie mit kleinen Aufträgen beehrte, und bey wichtigern Vorfallenheiten sich ihres Rathes oder ihrer Dienste bediente. Dieſs, Freund Aristipp, war ungefähr das Verhältniſs, worin ich mit der schönen Lais stand, bis sie Milet zu ihrem Aufenthalt wählte, und dort mit dem vornehmen Perser bekannt wurde, der (wenn ich nicht irre) nach dir selbst der erste war, der sich ihres Besitzes rühmen konnte; mit dem kleinen Unterschied, daſs du Sie besaſsest, Er hingegen von Ihr besessen war. Nach ihrer Zurückkunft von Sardes lebte sie eine Zeit lang mit dem Prunk einer morgenländischen Fürstin unter uns; und, während sich jedermann zudrängte ihren Hof vergröſsern zu helfen, hielt ich mich so lange in geziemender Entfernung, bis sie für gut fand, sich allmählich wieder auf einen bescheidenern Fuſs zu setzen. Ohne den groſsen Gesellschaften gänzlich zu entsagen, oder ihr Haus vor irgend jemand zu verschlieſsen, der sich berechtigt halten durfte jedes gute Haus offen zu finden, lebte sie jetzt am liebsten mit einer kleinen Zahl auserlesener und vertrauter Personen, und unter diesen fand dann auch dein Freund Learch seinen alten Platz wieder. Ich muſs gestehen, daſs bey dieser Erneuerung unsrer alten Verhältnisse auf meiner Seite unvermerkt einige Veränderung vorging. Mir war als hätte ich die schöne Lais, sogar in ihrer höchsten Blüthe selbst, nie so unwiderstehlich reitzend und liebenswürdig gesehen als jetzt, und der Wunsch, Ihr mehr zu seyn als andere, ward immer lebhafter: aber Eufranor hatte sich durch seine Kunst Verdienste um sie gemacht, und ich war zu sehr sein Freund, um ihm den Vorzug, den Sie ihm zu geben schien, zu miſsgönnen.

Inzwischen warest du von deiner langen Wanderschaft nach Athen zurückgekommen. Sie begab sich, nach dem bekannten Abenteuer mit dem jungen Aspendier, auf ihr Gut zu Ägina, wo Sie einen Besuch von dir erwartete, und wohin ich, wiewohl eingeladen, ihr nicht eher folgen wollte, als ich für nöthig hielt, um dich noch ein paar Tage dort zu sehen. Aber du hattest dich bereits wieder entfernt, und ich glaubte eine Veränderung an Lais wahrzunehmen, die ich mir nicht erklären konnte, bis ihre Vertraute (die schon lange auch die meinige ist) mir den Schlüssel zu dem Räthsel gab. Es brauchte also nichts als einen einzigen jungen Menschen, — der (wie er mir in der Folge selbst gestand) mehr aus Schüchternheit und Eigensinn, als aus einem mächtigen Drang den Hippolytus mit ihr zu machen, sich bey einer hartnäckigen Gleichgültigkeit gegen ihre Reitzungen zu erhalten wufste, — es bedurfte nichts als diese kleine Demüthigung, um ihrer gekränkten Eitelkeit eine unumschränkte Gewalt über die bessere Seele zu verschaffen! Mit einem kaum verhehlbaren Unwillen war ich ein Augenzeuge der Thorheiten, wozu sie sich erniedrigte; und sie sank damahls beynahe noch tiefer in meinen Augen, indem sie in den Anbetern, mit welchen sie sich umringt hatte, durch alle nur ersinnliche Hetärenkünste eine Leidenschaft zu entzünden suchte, welche sie nicht zu erwiedern gesonnen war, als wenn sie sich, wie eine gemeine Priesterin der Pandemos, einem nach dem andern Preis gegeben hätte.

In dieser Stimmung war ich nicht sehr aufgelegt, ihr Abenteuer mit dem Thessalier in dem mildesten Lichte zu betrachten, wie der Ton, worin ich dir darüber schrieb, nur zu sehr verrathen haben wird. Daſs sie aber durch ihren letzten Aufenthalt in Ägina und die Thessalische Reise auch in der öffentlichen Meinung gesunken war, zeigte sich nach ihrer Wiederkunft, in der Art, wie unsre jungen Leute bey Erneuerung ihrer Bewerbungen zu Werke gingen. Sie konnte bald genug gewahr werden, daſs man es als etwas Ausgemachtes voraussetzte: nachdem sie dem Neffen des Darius einen Thessalischen Centaurensohn zum Nachfolger gegeben, dürfe sich jeder „hellumschiente Achäer“ ohne Übermuth berechtigt halten, Ansprüche an die Gunst einer Schönen zu machen, deren eigentliche Klasse keinem Zweifel mehr unterworfen sey. Du kannst dir vorstellen, wie empfindlich ihr Stolz sich durch diese Wahrnehmung gekränkt fühlen muſste. Gleichwohl hielt sie noch eine Zeit lang Stand, in Hoffnung durch ein gewisses vornehmes Ansichhalten, und eine völlige Gleichheit ihres Betragens gegen alle ihre Liebhaber, die Sachen wieder auf den alten Fuſs zu setzen. Als aber die Abnahme der hohen Achtung, an welche sie schon so lange gewöhnt war, täglich sichtbarer ward, blieb ihr kein anderer Ausweg, als sich auf die bereits erwähnte Art aus der Gesellschaft zurückzuziehen; eine Maſsnehmung, worüber zwar Anfangs ganz Korinth in Aufruhr gerieth, die man aber, da Lais von allem, was über sie geschwatzt, gewitzelt und geverselt wurde, keine Kunde nahm und fest bey ihrem neuen Lebensplan beharrete, sich endlich gefallen lassen muſste, und deren man bereits so gewohnt ist, daſs von der weltberühmten Lais vielleicht nirgends weniger die Rede ist als zu Korinth, wo sie lebt, aber schon seit mehr als Einem Jahre, auſser dem Bezirk ihres Hauses und seiner Gärten, nirgends, und auch dort nur für wenige sichtbar ist.

Ich gestehe dir unverhohlen, lieber Aristipp, daſs ich seit diesem Rückzug, mit dessen Beweggrunde ich es nicht gar zu genau nehmen möchte, mich nicht erwehren konnte, Sie immer weniger schuldig zu finden, je mehr ich bedachte, wie wunderbar die Natur ihre Fehler mit dem, was das Liebenswürdigste an ihr ist, verwebt hat, und wie verzeihlich es überdiefs seyn sollte, dafs ein so lange von aller Welt vergöttertes Weib von dem vielen Weihrauch endlich schwindlicht ward, und in der Meinung, dafs man ihr auch die Privilegien einer Göttin zugestehen werde, sich mehr herausnahm, als einer Sterblichen, die auf Achtung Anspruch macht, geziemt. Diese Betrachtungen bewogen mich, seit der Zeit, da sich beynahe ganz Korinth gegen sie erklärt hat, ihre Partey wieder mit aller Wärme eines alten Freundes zu nehmen. Was die natürliche Folge davon war, kannst du leicht errathen, und wirst hoffentlich nicht mehr als billig finden, dafs dein Freund Learch eine Zeit lang der einzige Korinthier war, der das Vorrecht eines freyen Zutritts bey ihr mit Eufranorn und dem Arzt Praxagoras (der sich vor kurzem bey uns niedergelassen hat) und mit dem kurzweiligen Sohn des Momus und der Penia, Diogenes von Sinope, nicht nur theilte, sondern vielleicht noch etwas voraus hatte, was ihre Dankbarkeit seiner so lange und vielfach bewährten Freundschaft nicht länger vorenthalten konnte.

Aber höre nun auch, was uns der Götter und Menschenbeherrschende Dämon Eros unversehens für einen verzweifelten Streich gespielt hat!

Vor ungefähr einem Monat läſst sich in meinem und Eufranors Beyseyn ein fremder Sklavenhändler bey Lais melden, und bietet ihr einen jungen Sklaven zum Verkauf an, den er (seinem Vorgeben nach) als Kind von Seeräubern gekauft und mit beträchtlichen Kosten so erzogen habe, daſs man weit und breit wenige Seinesgleichen finden werde. Der Mann machte so viel Rühmens von der Gestalt und Wohlerzogenheit seines Sklaven, und von seiner Geschicklichkeit im Vorlesen, Abschreiben, Rechnen, und in der Musik, daſs wir Lust bekamen, seine Waare in Augenschein zu nehmen. Dorylas (so nannte er den Sklaven) wurde also vorgeführt. Lais stutzte, glaube ich, nicht weniger als wir beide, da wir einen schlanken, zierlich gewachsnen Jüngling mit einer edlen Gesichtsbildung, groſsen funkelnden Augen und goldgelbem dichtgelocktem Haupthaar, vor uns sahen, etwas bräunlich aber frisch und rosig von Farbe, kurz, einen jungen Menschen von neunzehn oder zwanzig Jahren, den Eufranor auf der Stelle zum Modell eines von den Mantineern bey ihm bestellten

Hermes erwählte. Der junge Mensch schien beym Anblick seiner künftigen Gebieterin nicht weniger betroffen, als wir bey dem seinigen, und machte (unfreywillig oder absichtlich) eine Bewegung, wie einer der unversehens von einem Blick in die Sonne geblendet wird. Ich beobachtete ihn von diesem Augenblick an scharf, und konnte mich kaum erwehren, den ganzen Handel verdächtig zu finden. Du nennst dich Dorylas? fragte ihn Lais, mit einem Blick, der mir ähnliche Zweifel zu verrathen schien. Er bejahete es mit sittsam niedergeschlagenen Augen. — „Woher bist du gebürtig?" — Ich weiſs es nicht; meine Erinnerungen reichen nicht so weit zurück. Ich war noch Kind, als ich meinen Ältern geraubt wurde. — „Du bist im Vorlesen geübt?" — Wenigstens hatte ich einen berühmten Lehrmeister. — Und dieser Mann hier hat dich erzogen?" — Ich kaufte ihn (fiel der Sklavenhändler ein) bloſs in der Absicht, ihn, wenn er erwachsen und gehörig ausgebildet seyn würde, mit einem ansehnlichen Gewinn an irgend eine Herrschaft, die einen solchen Sklaven zu schätzen wüſste, wieder zu verhandeln. — „Was forderst du für ihn? fragte Lais mit ihrer gewöhnlichen Raschheit. — Einen sehr mäſsigen Preis in Betracht dessen was er werth ist; nicht mehr als drey tausend Drachmen: aber davon geht auch kein Triobolon ab. — Der Handel wurde auf der Stelle geschlossen, der Verkäufer ausgezahlt, und der schöne Dorylas in das Amt eines Vorlesers seiner neuen Gebieterin eingesetzt. Aber, sagte sie lachend, indem sie sich gegen mich und Eufranor wandte, woher wissen wir daſs er lesen kann? Billig hätten wir ihn vorher prüfen sollen. — Ich glaube daſs ich ihr mit einem unfreywilligen Achselzucken antwortete. Auf alle Fälle, sagte Eufranor, bitte ich mir zur Gnade von dir aus, ihn zum Modell für eine Gruppe des jungen Achilles und der schönen Tochter des Fürsten Lykomedes von Skyros zu nehmen, die ich eben in der Arbeit habe. — Sehr gern, wenn du ihn dazu gebrauchen kannst, versetzte sie lachend, vermuthlich um die plötzliche Röthe zu verhehlen, die über ihr ganzes Gesicht hin loderte. Zufällig lag ein Anakreon auf einem Tischchen. Ich schlug die Ode an den Mahler seiner Freundin auf, und sagte zu Lais: gefällt es dir etwa, deinen Vorleser eine kleine Probe seiner Kunst machen zu lassen? — Wie du willst, erwiederte sie gleichgültig. Sobald Dorylas vernahm, wovon die Rede war, bat er sich eine gestimmte Cither aus, und sang uns das Lied mit einer ziemlich angenehmen Stimme, nach der bekannten Melodie von Antigenidas, indem er sich selbst auf der Cither begleitete. Lais schien mit den Talenten ihres neuen Hausgenossen sehr zufrieden zu seyn; sie empfahl ihn ihrem Hausverwalter, und winkte ihm abzutreten. Es erfolgte eine kleine Stille. Da habe ich nun einmahl wieder in der Laune des Augenblicks eine Thorheit begangen, sagte sie mit einer ziemlich merklichen Bemühung, ihrer Miene mehr Unbefangenheit zu geben als sie sich bewufst seyn mochte. Vielleicht ein gutes Werk, versetzte ich; der junge Mensch scheint mir nicht zu seyn wofür er dir gegeben wurde. — „Wie so, Learch?" — Ich sollte denken es fiele sogleich in die Augen, dafs er weder das Aussehen noch den Anstand eines Sklaven hat, sagte ich. — Ich kann eben nichts besonders an ihm sehen, erwiederte Sie, abermahls erröthend — Du hast diesen Morgen vergessen Roth aufzulegen, liebe Lais; auch wär' es sehr überflüssig gewesen, da die schönsten Rosen freywillig auf deinen Wangen blühen. — Learch ist heute sehr scherzhaft, sagte Sie zu Eufranorn: aber findest du wirklich, dafs Dorylas in Weiberkleidern einen leidlichen Achill zu Skyros abgeben könnte? Wir wollen auf der Stelle die Probe machen. Sie rief ihrer Vertrauten. Sorge gleich dafür, Eudora, daſs der Sklave, den ich so eben gekauft habe, in ein Mädchen verkleidet und so schön herausgeputzt werde, wie es das Kostum der Fürstentöchter in der heroischen Zeit erfordert, und führe ihn dann in die groſse Rosenlaube. Das Mädchen eilte hinweg, Lais fing von andern Dingen zu reden an, und wir folgten ihr in den Garten. Nach einer Stunde erschien die Vertraute mit dem verweiblichten jungen Achill an der Hand, welcher seine Rolle für einen Anfänger nicht übel spielte, und sich seiner Vortheile in dieser Verkleidung sehr wohl bewuſst zu seyn schien. Die Mädchen hatten ihn prächtig herausgeputzt, und Eufranor schwur bey allen Göttern, so müſsten die Atalanten, Deianiren und Penthesileen der Heldenzeit ausgesehen haben. Da sagst du ihnen eben nichts sehr schmeichelhaftes, versetzte Lais; aber die Frage ist, ob du ihn noch zum Modell deines verkleideten Achills nehmen willst? — Ich wünsche mir kein besseres, sagte der Künstler; und du, Dorylas, hast gar nicht nöthig so trotzige Gesichter zu schneiden; das Wahre ist, daſs du wie Achill aussehen muſst ohne es zu wissen. — „Aufrichtig zu reden, Eufranor, wenn der junge

Achill in Frauenkleidern einem Mädchen nicht ähnlicher sah, so hätte es des erfindungsreichen Odysseus nicht bedurft, um ihn aus den Gespielen der Deidamnia heraus zu wittern." — Indem Lais diefs in einem spöttelnden Ton sagte, bemerkte ich sehr wohl, dafs ihre grofsen Augen, mit einem Ausdruck den ich noch nie darin gesehen hatte, auf dem schönen Dorylas verweilten; und dafs die vorgebliche Pyrrha nicht ermangelte, die ihrigen in einer Sprache antworten zu lassen, deren Sinn der scharfsichtigen Lais nichts weniger als unverständlich seyn konnte.

Als Dorylas wieder entfernt worden war, konnt' ich mich nicht enthalten, ihr noch deutlicher als ich schon gethan hatte zu sagen, dafs mir der Sklavenstand des jungen Menschen verdächtig vorkomme, und dafs irgend ein sonderbares Geheimnifs hinter dieser Sache stecken müsse. — Ich fange selbst zu vermuthen an, sagte Lais, dafs ich für meine drey tausend Drachmen einen albernen Kauf gethan habe. Und doch seh' ich nicht, was der junge Mensch, wenn er etwas besseres wäre, für ein Vergnügen daran finden könnte, sich mir für einen Sklaven verkaufen zu lassen. — Wenn es nicht eine Art von Liebeserklärung ist, sagte ich, so wüſste ich auch nicht, was ihn dazu hätte bewegen sollen. — Du könntest mir mit deinen Grillen den ganzen Spaſs verderben, erwiederte sie. — Da hättest du Unrecht, schöne Lais, sagte Eufranor; giebt es denn nicht der schönen jungen Sklaven bey Tausenden in Griechenland? oder ist es so unerhört, daſs man einem jungen Sklaven, den man zu etwas besserm als gemeinen Knechtsdiensten bestimmt, eine Erziehung giebt, die ihn über andere seines Standes erhebt? — „Das lustigste wäre, wenn mein Vorleser am Ende nicht lesen könnte. Da hätt' ich freylich seine gelben Locken und seine Achillesmiene ein wenig zu theuer bezahlt. Indessen, wenn Eufranor ihn als Modell gebrauchen kann, bleibt mir doch das Verdienst, etwas zum Wachsthum der Künste beygetragen zu haben. Der einzige Achill im Frauengemach der Tochter Lykomeds, den du aus ihm machen willst, wäre die Summe, die ich für das Modell gegeben habe, zwiefach werth.

Sie lenkte nun das Gespräch auf etwas anders, und in den nächst folgenden Tagen war keine Rede mehr von Dorylas. Doch erfuhr ich von unsrer gemeinschaftlichen Vertrauten: Dorylas habe am dritten Morgen seiner Anstellung, während Lais sich unter den Händen ihrer Aufwärterinnen befand, zur Probe seiner Kunst ein Stück aus Xenofons Symposion vorlesen müssen; er habe sich aber, entweder aus Zerstreuung, oder Mangel an Sinn für die feinsten Schönheiten dieses Meisterstücks von Attischer und Sokratischer Urbanität, nicht zu seinem Vortheil aus der Sache gezogen. Es hätte ihr gedäucht, als ob Lais wenig auf die Vorlesung Acht gebe; und da sie, sobald sie sich mit ihrer Gebieterin allein gesehen, sich über die Ungeschicklichkeit des neuen Vorlesers ein wenig lustig gemacht, habe Lais etwas trocken versetzt; Dorylas scheine noch schüchtern zu seyn, und, anstatt unzeitigen Tadels, vielmehr Aufmunterung nöthig zu haben. Am folgenden Tage sey eine ziemlich lange Unterredung ohne Zeugen zwischen Lais und Dorylas vorgefallen. Ihre Gebieterin habe, wider ihre Gewohnheit, sich nichts davon gegen sie verlauten lassen, sey aber den ganzen Abend etwas finster und einsylbig gewesen, und habe sich eher als sonst in ihre Schlafkammer eingeschlossen.

Zufälliger Weise mufste sichs treffen, dafs mich um diese Zeit ein unverschiebliches Geschäft nach Argos rief, und beynahe einen ganzen Monat da zu verweilen nöthigte. Nach meiner Zurückkunft glaubte ich unsre

Freundin sehr verändert zu finden. Es däuchte mich als ob sie in Verlegenheit sey, etwas vor mir zu verbergen, das sie mir gern entdeckt hätte, wenn sie nur mit sich selbst einig werden könnte, wie sie anfangen und wie weit sie gehen wolle. Zwischen so vertrauten Freunden, wie wir seit geraumer Zeit waren, konnte ein solcher Zwang nicht anders als peinlich, und also von keiner langen Dauer seyn. Wiewohl sie sich geflissentlich hütete allein mit mir zu seyn, fand ich endlich doch Gelegenheit, sie in einem abgelegenen Plätzchen ihres Gartens zu überraschen, und sie dahin zu bringen, dafs sie sich des Geheimnisses, wovon sie gedrückt zu werden schien, gegen mich entledigen mufste. Ich bin in der Kunst zu erzählen so wenig geübt, dafs ich dir lieber den Dialog, der sich nun zwischen uns entspann, in seiner eigenen Form so getreu als mir möglich ist, mittheilen will.

Lais. Ich habe dir seltsame Dinge zu entdecken, Learch. Du hast richtig vermuthet; Dorylas ist nicht, wofür er sich von dem Sklavenhändler ausgeben liefs. — Hier hielt sie inne, als ob sie erwarte dafs ich ihr weiter fort helfen sollte.

Ich. Und wie machte sich diese Entdeckung?

Lais. Höre nur, wie es damit zuging, Ich hatte ihn an einem Morgen auf mein Zimmer rufen lassen, um mir, während meine Mädchen sich mit meinem Kopfputz und Anzug beschäftigten, Xenofons Gastmahl vorzulesen. Er las ziemlich schlecht, aber, wie mich dünkte, weniger aus Ungeschicklichkeit, als weil er sich nicht bezwingen konnte, statt auf sein Buch zu sehen, alle Augenblicke nach mir hinzuschielen, wiewohl dafür gesorgt war, ihm alle Versuchungen zu einer solchen Zerstreuung so viel möglich zu entziehen. Aber seine Ohren schienen eben so scharf zu hören als seine Blicke einzudringen, und die leiseste Bewegung irgend einer Falte an meinem Gewand erregte seine Aufmerksamkeit. Diefs brachte mir deine Zweifel wieder in den Sinn, und ich beschlofs, mich ohne Verzug ins Klare zu setzen. Ich liefs ihn unversehens zu mir in den kleinen Sahl am Ende des Gartens hohlen, und befahl ihm sich mir gegen über zu setzen. Er gehorchte, erhob sich aber sogleich wieder als ob er sich plötzlich besonnen hätte, und blieb, die Arme über die Brust geschränkt, mit gesenktem Haupte vor mir stehen. Höre auf eine übel gelernte Rolle zu spielen, sagte ich; du bist nicht wofür du dich ausgegeben hast. — Er schien bestürzt. Wie kann meine Gebieterin glauben, stotterte er und hielt inne. — Die Rede ist nicht von dem was ich glaube, sondern was ich sehe. Noch einmahl, wer bist du? Und wie kommst du dazu, dich durch eine so unbesonnene List in mein Haus einzustehlen? — Ich weiſs nicht, ob meine Augen die Härte und den strengen Ton meiner Worte Lügen straften; genug, er warf sich mir zu Füſsen, umfaſste meine Kniee, und bat mit Thränen in den Augen, ihm einen jugendlichen, beynahe unfreywilligen Frevel zu verzeihen, den er allzuschwer büſsen müſste, wenn ich ihn mit meiner Ungnade bestrafen wollte. — Wer bist du also, wenn du nicht Dorylas bist, sagte ich in einem mildern Ton, indem ich ihm befahl aufzustehen, und den Platz zu nehmen, den ich ihm gewiesen hatte. Und nun erfolgte ein umständliches Bekenntniſs, woraus ich zu vernehmen hatte: daſs er der jüngste von sechs Brüdern aus einer edeln Thessalischen Familie sey; während meines Aufenthalts zu Larissa sey er auſser Landes gewesen, habe aber bey seiner Zurückkunft ganz Thessalien meines Ruhmes so voll gefunden, daſs er dem Verlangen mich selbst zu sehen nicht habe widerstehen können. Er habe sich also, von einem einzigen Diener begleitet, zu Pferde auf den Weg gemacht, sey aber in einem

Hohlwege des Berges Cithäron von Räubern überfallen worden, die ihn, nachdem sein Diener in seiner Vertheidigung das Leben verloren, beraubt und ausgezogen hätten. Da er nun in dem Aufzug eines Bettlers keinen Zutritt zu mir habe hoffen können, sey er auf den verzweifelten Entschluſs gekommen, sich einem Thespischen Sklavenhändler unter der Bedingung anzubieten, daſs er ihn unverzüglich nach Korinth führen und an die schöne Lais verkaufen sollte. Meine Absicht war (fuhr er fort) sobald ich in deine Gegenwart gekommen seyn würde, mich dir zu entdecken; aber es erfolgte was ich hätte vorher sehen sollen: dein erster Anblick machte mich auf ewig zu deinem Sklaven, wenn du mich auch nicht gekauft hättest; und der Gedanke, dir als wirklicher Sklave anzugehören, in deinem Hause zu leben und des Glücks dich anzuschauen vielleicht täglich gewürdiget zu werden, wirkte mit einem so unwiderstehlichen Reitz auf mein Gemüth, daſs es mir schlechterdings unmöglich war meinen ersten Vorsatz auszuführen. Ich fühle nur zu sehr wie strafbar ich bin — und unterwerfe mich jeder Züchtigung die du mir auferlegen willst; nur die Verbannung aus deinen Augen würde eine unendliche Mahl grausamere Strafe seyn, als wenn du mir mit eigener Hand den Tod gäbest. — Ich sagte ihm: wie er hoffen könne, nach einem solchen Geständnifs nur einen Tag länger in meinem Hause geduldet zu werden? — Das hoffe ich allerdings von deiner Grofsmuth, versetzte er in einem mehr zuversichtlichen als bittenden Ton. Ich bitte nur so lange darum, bis die Unterstützung, die ich von meiner Familie bereits begehrt habe, angelangt seyn wird. Ich bin gewifs dafs meine Brüder mich nicht verlassen werden. Warum solltest du mir auf so kurze Zeit deinen Schutz versagen? Mein Geständnifs hab' ich nur dir gethan. In deinem Hause bin ich ein von dir erkaufter Sklave; deine Hausgenossen wissen nichts anders; und wofern du auch die Güte hättest mich täglich um dich zu dulden, so würde — So würde, fiel ich ihm in die Rede, da er das folgende Wort nicht gleich finden zu können schien, so würde jedermann es sehr natürlich finden, meinst du? Du hegest eine sehr bescheidene Meinung von dir selbst. — Die schlechteste, erwiederte er, wenn ich das Unglück habe, der göttlichen Lais zu mifsfallen, die gröfste, wofern mir die Grazien hold genug wären, ihr gütige Gesinnungen für mich einzugeben. — Was hätte ich nun mit diesem Menschen anfangen sollen, Learch?

Ich. Verlangst du im Ernst es zu wissen?

Lais. Deine Meinung wenigstens.

Ich. Es ist nicht unmöglich, daſs dir der junge Dorylas oder Pausanias nichts von sich gesagt hat, was er im Nothfall nicht beweisen könnte; aber, aufrichtig zu reden, er sieht mir einem ziemlich gefährlichen Abenteurer ähnlich.

Lais. Gefährlich? Mir gefährlich, Learch?

Ich. Wahr ists, wenn die schöne Lais nicht berechtigt wäre, sich über die Schwachheiten ihres Geschlechts erhaben zu glauben, welche andere dürfte es? Und doch, wäre sie auch der Göttin der Weisheit eben so ähnlich, als sie es der Göttin der Schönheit ist, so —

Lais. Ich erlasse dir den Nachsatz, lieber Learch! Die ganze Gefahr, wenn ja Gefahr seyn sollte, bestände dann doch nur darin, daſs mir Pausanias gefallen, daſs ich ihn wohl gar lieben könnte; und wo wäre da das groſse Unglück?

Ich. Darüber kannst du in der That allein entscheiden. Verzeih, wenn mich die wohlmeinende Freundschaft unbescheiden gemacht hat.

Lais. Das wirst du nie seyn, Learch — Aber deine Meinung, was ich hätte thun sollen, bist du mir noch schuldig.

Ich. Wenn du, z. B. dem schönen Dorylas, weil du doch schon zwey oder drey sehr gute Vorleserinnen hast, die Freyheit und die drey tausend Drachmen, die er dich kostet, geschenkt, und ihm beym Abschied noch eine Hand voll Dariken zur Wegzehrung mitgegeben hättest: so hätte er damit wohl behalten nach Hause kommen können, und jedermann würde gesagt haben, du hättest eine sehr groſsmüthige That gethan.

Lais. Aber du scheinst zu vergessen, Learch, daſs hier nicht die Rede davon seyn kann, was jedermann davon denken und sagen würde; denn auſser meinen Leuten weiſs niemand von der Sache, und niemand hat sich auch um das Innere meines Hauswesens zu bekümmern. Über die Urtheile der Korinthier bin ich ohnehin schon lange weg, wie du weiſst.

Ich. Allerdings! Ich hätte sagen sollen: du würdest, wenn du so mit dem vorgeblichen Pausanias verfahren wärest, sicher auf den Beyfall deines eigenen Herzens haben rechnen können.

Lais. Das wäre denn doch vielleicht noch die Frage. Übrigens kann ich dir zu deiner Beruhigung melden, dafs Pausanias im Begriff ist, mein Haus zu verlassen.

Ich. Er geht wieder von Korinth ab?

Lais. Das nicht; er bezieht nur eine eigene Wohnung; denn er gedenkt sich noch einige Zeit hier aufzuhalten.

Ich. Die Unterstützung von seiner Familie ist also glücklich angelangt? —

Ich besorge, Aristipp, ich sagte diefs in einem ironischen Tone; denn die arme Lais verfärbte sich, schien verlegen, und hatte Mühe ein paar Thränen, die ihr in die Augen schossen, zurückzuhalten. Sie mufste sich etwas bewufst seyn, das ihren Stolz demüthigte, und sie fürchtete vermuthlich, dafs ich sie errathen hätte. Ich sah dafs es hohe Zeit sey, einer Unterredung, welche beiden Theilen peinlich zu werden anfing, ein Ende zu machen. Mir ist lieb, (sagte ich mit der unbefangensten Miene, und im gutmüthigsten Tone der mir möglich war) dafs ich mich, wie es scheint, in meiner Meinung von diesem jungen Menschen geirrt habe; und in der That hätte ich besser gethan, mich auf den feinen Ahnungssinn, der deinem Geschlecht eigen ist, zu verlassen, und dem Sokratischen Glauben, daſs ein schöner Leib für eine schöne Seele bürge, mehr Gehör zu geben, als meinem Argwohn. Da der junge Pausanias sich hier zu verweilen gedenkt, so wird es mir nicht an Gelegenheiten fehlen, besser mit ihm bekannt zu werden, und ich will nicht zweifeln, er werde sich der Nachsicht, die du mit seiner jugendlichen Unbesonnenheit getragen hast, durch seine Aufführung würdig zu zeigen suchen.

„Wir sind (erwiederte sie mit einem erzwungenen Lächeln) ich weiſs nicht recht wie, in einen ernsthaftern Ton gerathen als die Sache zuläſst, und du kannst mir nicht übel nehmen, guter Learch, wenn ich dich bitte, die allzu ängstlichen Besorgnisse, worin ich dich meinetwegen sehe, auf den Fall zu sparen, wo etwa ein Mädchen von sechzehn Jahren vor Schaden gewarnt zu werden nöthig hat.“

Und hiermit endigte sich die letzte vertrauliche Unterredung, die ich mit der schönen Lais zu pflegen Gelegenheit gehabt habe. Wir schieden zwar, dem Ansehen nach, als gute Freunde von einander; aber ich habe sie, von diesem Tag an, immer seltner und nie wieder allein gesehen.

Inzwischen erfuhr ich von ihrer Vertrauten: Lais habe, wenige Tage nach ihrer ersten Unterredung mit dem vorgeblichen Dorylas, diesen unter seinem wahren Nahmen für frey erklärt, und zugleich in ihrem Hause bekannt werden lassen, dafs er aus einem der vornehmsten Thessalischen Geschlechter stamme, von welchem sie, während ihres Aufenthalts in diesem Lande, mit so viele Verbindlichkeiten überhäuft worden sey, dafs sie nicht umhin könne, sich derselben bey dieser Gelegenheit zu entledigen. Seit dieser Zeit komme Pausanias (die Morgenstunden des Putztisches ausgenommen) den ganzen Tag nicht von ihrer Seite, speise mit ihr, und sey bereits allen, mit welchen sie noch in einiger Verbindung steht, von ihr vorgestellt worden. Sie gebe vor, ihn schon zu Larissa gekannt und mit seinen Verwandten in freundschaftlichen Verhältnissen gestanden zu haben; woraus sich dann von selbst erkläre, warum Pausanias, nach dem Unfall der ihn auf dem Cithäron betroffen seine Zuflucht zu ihr genommen habe. Übrigens werde der junge Thessalier unvermerkt immer lebhafter, freyer und zuversichtlicher, und entfalte tagtäglich irgend ein neues Talent; denn er sey ein grofser Reiter, Springer, Tänzer, Jäger, Vogelsteller, Fischer, und — Lustigmacher oben drein, und Lais scheine von der Gewandtheit und Artigkeit, die er bey allen diesen Übungen zeige, und überhaupt von seiner ganzen Person so bezaubert zu seyn, daſs sie sich zusehends erheitere und verjünge, ja wohl gar (ohne sichs vermuthlich bewuſst zu seyn) nicht selten, wiewohl immer mit aller ihr eigenen Grazie, in die naive Fröhlichkeit eines Mädchens von sechzehn zurückfalle. Bey allem dem scheine sie ihren jungen Freund, der ganz öffentlich den feurigsten und hoffnungsvollsten Liebhaber mit ihr spiele, so kurz als möglich zu halten, und jede Gelegenheit mit ihm allein zu seyn, oder von ihm überrascht zu werden, aufs sorgfältigste zu vermeiden; und daher habe Sie auch geeilt, ihm ohne Aufschub ein eigenes schönes Haus, in der Nähe des ihrigen, aussuchen, miethen und prächtig einrichten zu lassen. Daſs alles auf Kosten ihrer Gebieterin gehe, daran sey kein Zweifel; denn man wisse bereits zuverlässig, daſs seine Familie von keiner Bedeutung in Thessalien sey, und daſs er sein kleines Erbtheil schon zu Athen, wo er sich zuletzt aufgehalten, mit Rennpferden, Banketten und Hetären, bis auf den letzten Heller aufgezehrt habe.

Dieſs, lieber Aristipp, ist alles (und für einen so warmen Freund der schönen Lais schon zu viel) was ich dir bis jetzt von diesem neuen Abenteuer berichten kann. Ich überlasse dir selbst was davon zu denken ist. Immer ist es seltsam genug, dafs diese allgewaltige Männerbeherrscherin, welche, während sie zwanzig Jahre lang alle Welt bezauberte, ihrer selbst immer mächtig blieb, eine so lange behauptete Freyheit noch in ihrem vierzigsten an einen jungen Thessalischen Glücksritter verlieren soll, der unter allen, die jemahls Anspruch an sie machten gerade der unwürdigste ist, und (wie ich sehr besorge) nicht sowohl nach ihrem Herzen als nach ihrem Geldkasten trachtet. Sollte sich nicht sogar, wer nie an Etwas Dämonisches geglaubt hat, von einem solchen Beyspiele genöthigt fühlen, zu glauben dafs es unholde schadenfrohe Dämonen gebe, die uns zwingen auf den Köpfen zu tanzen und wider Willen tausend Thorbeiten zu begehen, blofs um sich selbst Stoff zum Lachen zu verschaffen? — Es wäre denn, dafs Xenofons zweyerley Seelen in einen und eben derselben Person hinlänglich wären, uns solche widersinnige Erscheinungen begreiflich zu machen. Doch was kann es uns nützen, die Ursache eines Übels zu wissen, dem nicht zu helfen ist? Die unwürdige Leidenschaft, worin sich unsre arme Freundin verfangen hat, ist, wie ich fürchte, ein Übel dieser Art; — wiewohl ich dich damit nicht abgeschreckt haben will einen Versuch zu machen, da du billig mehr über sie vermögen solltest als ich. Auf alle Fälle werde ich nicht ermangeln, dir vom weitern Verlauf dieses sonderbaren Liebeshandels mit der ersten Gelegenheit Nachricht zu geben.

33.

Learch an Aristipp.

Ich erledige mich, wiewohl mit zögernder Hand, meines Versprechens, dir die weitern Nachrichten mitzutheilen, die ich mir über die Leidenschaft unsrer unglücklichen Freundin für den jungen Thessalier, den die strenge Nemesis zum Werkzeug ihrer Züchtigung ausersehen zu haben scheint, theils durch mich selbst, theils durch die wohlmeinende kleine Verrätherin Eudora zu verschaffen Gelegenheit gefunden habe.

Was den jungen Menschen betrifft — der, wiewohl kaum zwanzig Jahre alt, schon mancherley Abenteuer bestanden und sich an mehrern Orten unter verschiedenen Nahmen einen sehr zweydeutigen Ruf erworben hat — so stimmen alle meine eingezogenen Erkundigungen darin überein, daſs er aus dem Thessalischen Kanton Farsalia gebürtig, und weder reicher noch von edlerer Herkunft ist, als jeder andere Abkömmling von Pyrrha und Deukalion. Indessen kann man ihm nicht absprechen, daſs er vornehme Leidenschaften und Liebhabereyen hat, und den kleinen Thessalischen Fürsten auf Unkosten der verblendeten Lais meisterlich zu spielen weiſs. Er lebt, seitdem er eine eigene Wohnung bezogen hat, unter dem Nahmen Pausanias auf einem groſsen Fuſs; hat sich eine Menge Bediente, die schönsten Pferde, und Jagdhunde, wie sie Xenofon selbst nicht besser hat, angeschafft; erscheint beynahe täglich auf der Rennbahn, und steht bereits mit den ausschweifendsten und übel berüchtigtten unter unsern jungen Eupatriden in enger Verbindung. Die arme Lais, die ihm nichts versagen kann, ist genöthigt, ihr schon so lange besserer Gesellschaft verschlossenes Haus, allen diesen Wildfängen offen zu halten, und du kannst dir vorstellen, daſs der Unfug, den die Homerischen Freyer im Palaste des Odysseus treiben, nur Kinderspiel gegen die Orgien dieser ungezügelten Schwärmer, und das fette Schwein nebst dem auserlesenen Geifsbock, so jene täglich verzehrten, eine Kleinigkeit gegen den ungeheuern Aufwand ist, welchen Lais durch ihre grenzenlose Gefälligkeit gegen alle Einfalle und Launen ihres eben so unbesonnenen als unbescheidenen Geliebten, sich auf den Hals geladen hat.

Alles diefs ging nun freylich stufenweise. In den ersten Tagen schien er blofs an ihren Winken zu hangen, und von ihrem Anschauen und ihren Blicken zu leben. Aber mit einem verwundernswürdigen Spürsinn machte der Schlaue gar bald ihre schwache Seite und die Rolle ausfindig, die er zu spielen habe, um sich unvermerkt ihres ganzen Herzens zu bemächtigen. Wechselsweise feurig und kalt, schwärmerisch und muthwillig, ehrfurchtsvoll und zudringlich, geschmeidig und widerspenstig, unterwürfig und gebieterisch, zeigte er sich ihr unter so vielerley Gestalten, und wufste immer so behend und mit so ungezwungener Leichtigkeit diejenige anzunehmen, die zur gegenwärtigen Stimmung oder Laune der wandelbarsten und vielgestaltigsten aller Weiber am besten pafste, dafs er schon dadurch allein, dafs er sie so stark beschäftigte, und ihr so viele Gelegenheiten gab, sich ihm von allen Seiten mit immer neuen Reitzungen zu zeigen, eine Gewalt über sie erhalten mufste, die noch keiner ihrer Freunde oder Liebhaber sich zu verschaffen — gesucht, oder vermocht hatte.

Indessen, diefs alles, und wenn man auch die Eindrücke, die seine Gestalt und Jugend auf eine Frau wie die schöne Lais machen konnte, in der möglichsten Stärke noch dazu rechnet, alles diefs wäre doch nicht hinreichend, die Leidenschaft, womit Sie an diesem Menschen hängt, und die Gewalt, die er über sie ausübt, begreiflich zu machen: man ist schlechterdings genöthigt, entweder die unwiderstehliche Sympathie der Aristofanischen Menschen-Hälften in Platons Gastmahl, oder den alten Glauben, dafs es Leidenschaften gebe, die uns von einer ergrimmten Gottheit aus Rache über den Kopf geworfen und gleichsam angezaubert werden, zu Hülfe zu nehmen, um sich von einer so wunderbaren Erscheinung eine — eben so wunderbare Ursache anzugeben.

Lais hatte vorher nie leidenschaftlich geliebt. Auch wenn sie sich herabliefs, unter den unzähligen, die sich um sie bewarben, einen von den Göttern begünstigten glücklich zu machen, geschah es immer ohne daſs ihre Freyheit die mindeste Gefahr dabey lief. Schwärmerische Liebe, die sich dem Geliebten gänzlich hingiebt, keinen Willen als den seinigen hat, ihm alles aufopfert, nur in ihm lebt und da ist, kurz, eine Liebe, die man nicht in seiner Gewalt hat, und deren Wirkungen im Gegentheil unsrer eigenen Selbstständigkeit Gewalt anthun, und eine Art von Bezauberung sind, war in ihren Augen eine lächerliche Schwachheit, deren sie sich gänzlich unfähig hielt. Eine späte Erfahrung hat sie nun, zu ihrem eigenen Erstaunen, des Gegentheils überführt; und wer jemahls selbst geliebt hat, begreift, wie die mächtigste aller Leidenschaften, sobald sie einmahl Besitz von ihr genommen hatte, eine so gänzliche Verwandlung ihrer Sinnesart bewirkte, daſs sie andern und sich selbst ein völlig neues Wesen scheinen muſs. Aber wie diese Anlage zu der höchsten Art von tragischer Liebe vierzig Jahre lang, wie von einem magischen Schlaf gebunden, in ihrem Busen schlummern konnte, und daſs gerade dieser Thessalische Taugenichts der einzige seyn muſste, der sie zu wecken vermochte, das ist es, was allen, die Sie zuvor kannten, unbegreiflich ist, und was man kaum seinen eigenen Augen glauben kann.

Ich würde mich nicht so sehr verwundern, wenn der Zaubervogel, womit er sie an sich gezogen hat, keine andern als die gewöhnlichen Zufälle der leidenschaftlichen Liebe in ihr hervorbrächte, wie heftig sie auch immer seyn möchte, mit Einem Worte wenn sie den schönen Thessalier liebte wie etwa Saffo ihren Faon; auch würden, wenn diefs der Fall wäre, ihre Freunde sich ihrentwegen noch eher beruhigen können. Denn, da der schöne Pausanias weit entfernt ist den Grausamen gegen sie zu machen, so wäre gute Hoffnung, dafs der Genufs das Feuer dämpfen und die verliebte Raserey von kurzer Dauer seyn würde. Aber, zu ihrem Unglück, hat die Fantasie ungleich mehr Antheil an ihrer Leidenschaft als die Sinnlichkeit. Ihre Liebe ist das Ideal der reinsten, höchsten, treuesten und beständigsten Anhänglichkeit, und so wie Sie selbst liebt, will sie auch wieder geliebt seyn. Sie verlangt von ihm was er ihr nicht geben kann, ein Herz das nur für Sie schlägt, eine ganz von Ihr ausgefüllte Seele. Alle seine Begierden sollen in Ihrem blofsen Anschauen sich ersättigen; die zarteste ihrer Liebkosungen, die leiseste Berührung ihrer Hand soll ihn schon zum Gott machen. Aber Pausanias, wiewohl er Anfangs einige Tage lang den Schüchternen und Ehrfurchtsvollen spielte, hat keine Lust sich in den Mysterien der himmlischen Afrodite und des Platonischen Eros einweihen zu lassen; und daher entsprangen ziemlich bald kleine Mifshelligkeiten und Zänkereyen zwischen ihnen, wobey Lais den Sieg allemahl durch Gefälligkeiten andrer Art theuer genug erkaufen mufste. Ihre Furcht ihn erkalten zu sehen, wenn Sie das, was er mit einem mildernden Nahmen seine Liebe nannte, befriedigte, war so grofs, dafs Sie lange Kraft genug in sich fand ihm zu widerstehen; aber dafür glaubte Sie, ihm auf einer andern Seite einen verhältnifsmäfsigen, d. i. nach ihrer eigenen Schätzung, einen sehr grofsen Ersatz schuldig zu seyn; und so erhielt er (das Einzige, was sie immer noch zu geben haben wollte, und was wahre Liebe am längsten zurückhält, ausgenommen) alles andere von ihr, was er sich nur zu wünschen einfallen liefs. Allein kaum hatte der Undankbare den Schlüssel zu ihrer Schatzkammer in seiner Gewalt, so trug er auch kein Bedenken, sich für diefs einzige Opfer, worauf Sie einen so hohen Werth setzte, auf die unzärtlichste Art zu entschädigen, indem er öfters ganze Nächte mit etlichen seiner Vertrautesten bey der schönen Fryne durchschwärmte, einer jungen Hetäre, die sich seit einiger Zeit hier niedergelassen hat, und dermahlen die berühmteste und theuerste unter den elf oder zwölf hundert Priesterinnen ist, die sich dem Dienste der Afrodite Pandemos in dieser üppigen Stadt gewidmet haben. Du kannst dir die Ungewitter vorstellen, die eine Beleidigung dieser Art in einer so stolzen Schönen erregen mufste, die auch von allem Äufserlichen, was die Männer anziehen und fesseln kann, noch immer keine über sich sieht; zumahl, da der übermüthige Mensch, anstatt sie durch Reue und Demüthigung zu besänftigen, ihrer Empfindlichkeit Anfangs einen kaltblütigen Trotz entgegen setzte, der ihm unfehlbar seinen Abschied zugezogen hätte, wenn nicht eine einzige zu ihren Füfsen geweinte, wahre oder geheuchelte Thräne hinreichend gewesen wäre, ihren Zorn zu löschen und eine Aussöhnung zu bewirken, deren erste Bedingung seinen Triumf über ihre Schwäche vollständig machte.

Die Unglückliche sieht nun selbst, dafs ein längerer Aufenthalt zu Korinth ihr in jeder Rücksicht nachtheilig wäre, und Sie hat ihrem Geliebten — der seit der letzten Aussöhnung die leidenschaftlichste Anhänglichkeit an sie zeigt — den Vorschlag gethan, mit ihm nach Thessalien zu ziehen, und, mit dem Rest ihrer durch seine Verschwendungen ziemlich zusammen geschmolzenen Reichthümer, sich in einer der anmuthigsten Gegenden dieses Zauberlandes anzukaufen. Sie ist, zum Behuf dieses Vorhabens, bereits über den Verkauf ihres schönen Landgutes zu Ägina mit Eurybates in Unterhandlungen getreten, welche durch meine Hände gehen; denn ihr in Geschäften dieser Art zu rathen und zu dienen, ist das Einzige, wodurch mir noch erlaubt ist Ihr meine Freundschaft zu beweisen. Da Eurybates seine unmittelbar an dieses Gut gränzenden Besitzungen beträchtlich dadurch erweitern und verschönern kann, und es daher schwerlich aus den Händen lassen wird, so habe ich gute Hoffnung, vortheilhaftere Bedingungen von ihm zu erhalten, als von irgend einem andern Käufer zu erwarten seyn dürften.

Das schlimmste bey allem diesem ist ohne Zweifel, daſs die arme Lais, — wie ich, aller ihrer Bemühungen es mir zu verbergen ungeachtet, nur gar zu deutlich sehe — nicht glücklich ist. — Sollte dir nicht auch schon begegnet seyn, was mir mehr als Einmahl geschah, daſs du im Traum zu träumen wähntest? Ich weiſs den Zustand, worin Lais sich dermahlen befindet, durch kein passenderes Bild zu bezeichnen. Sie sieht zu hell, um nicht zu sehen, daſs sie ihr ganzes Glück in eine bloſse Täuschung setzt: aber sie will getäuscht seyn, und so ist sie es denn auch wirklich, und träumt, es träume ihr daſs sie glücklich sey. Möge nur das völlige Erwachen nicht gar zu schmerzhaft seyn!

Ob noch ein Mittel sie zu retten übrig ist, weiſs ich nicht; mir wenigstens sind alle Versuche, die ich gemacht habe, fehl geschlagen.

34.

Aristipp an Learch.

Lais ist dazu gemacht, in allem groſs und auſserordentlich zu seyn. Von ihrer ersten Jugend an, mit der unbeschränktesten Macht, sich ihren Neigungen zu überlassen und immer von ganzen Schwärmen von Anbetern umgeben, unter welchen gewiſs nicht wenige sehr liebenswürdig waren, sogar im vertrautesten Umgang mit einigen von diesen, eine so lange Zeit sich immer frey erhalten zu haben, war vielleicht ohne Beyspiel: als aber diese Leidenschaft, deren Sie selbst sich immer für unfähig gehalten hatte, endlich doch noch Meister über die Widerspänstige ward, war nichts anders zu erwarten, als daſs das Seelenfieber (wenn ich es so nennen kann) wovon sie begleitet ist, von der heftigsten Art seyn würde. Es scheint es sey mit der Liebe wie mit gewissen Krankheiten, die jeder Mensch Einmahl in seinem Leben gehabt haben muſs, und die desto unschädlicher sind, je früher man davon befallen wird. Ich erinnere mich noch sehr wohl, daſs ich in meinem fünften oder sechsten Jahr in eine meiner Basen, ein Kind von drey bis vier Jahren sterblich verliebt war, und daſs man, da sie im fünften starb, die gröſste Mühe hatte meiner Verzweiflung Einhalt zu thun, und mich mit dem Leben wieder auszusöhnen. Vermuthlich habe ich es dieser voreiligen Liebschaft zu danken, daſs ich bis auf den heutigen Tag von dieser Art von Fieber nie wieder, wenigstens nicht gefährlich noch auf lange Zeit, befallen worden bin.

Wenn denn also die gute Lais einmahl wenigstens in ihrem Leben sich in ganzem Ernst verlieben muſste, so sehe ich nicht, warum der schöne und schlaue junge Thessalier nicht eben so gut dazu hätte taugen sollen, als ein anderer; im Gegentheil, mich dünkt ich begreife vermittelst der bekannten Aristofanischen Hypothese recht wohl, warum gerade er und kein anderer, der Einzige war, welcher den so lange in ihrem Busen verborgenen Krankheitsstoff entwickeln konnte. Ich glaube wahrgenommen zu haben, daſs die heftigste Art von Liebe diejenige ist, da man, ohne es sich deutlich bewuſst zu seyn, sich selbst, oder gleichsam ein zweytes aus dem Gegenstand in das unsrige hinein gespiegeltes und mit ihm zusammenflieſsendes Ich, in dem Geliebten anbetet. Sollte dieſs nicht nahezu der Fall mit unsrer, immer ein wenig zu viel in sich selbst verliebt gewesenen, Freundin seyn? Wenn ich alle karakteristischen Züge des jungen Pausanias aus deiner Erzählung zusammen nehme, so scheint mir eine sehr entschiedene Ähnlichkeit der Naturen zwischen Ihr und Ihm vorzuwalten. Ich finde an beiden ungefähr dieselben Naturgaben, eine lebhafte Einbildungskraft, Witz, Gewandtheit und Geschmeidigkeit des Geistes, mit einer seltnen Schönheit und allem übrigen was beym ersten Anblick die Augen verblendet und die Neigung besticht; aber auch dieselben Leidenschaften, Fehler, und Unarten: denn beide sind eitel, flüchtig, rasch, leichtsinnig, stolz, eigenwillig, prachtliebend und verschwenderisch, und in beiden bringen diese Eigenschaften ziemlich gleiche Wirkungen hervor. Den ganzen Unterschied (außer dem, was auf Rechnung der Verschiedenheit des Geschlechtes kommt) machte die Erziehung und das Glück. In Ihr wurden alle Naturanlagen von früher Jugend an entwickelt, bearbeitet, und durch einen seltnen Zusammenfluſs glücklicher Umstände ausgebildet, abgeglättet, und gleichsam mit einem glänzenden Firniſs überzogen: da die seinigen hingegen, aus Mangel an gehöriger Kultur und günstigen Glücksumständen, einen groſsen Theil von der Centaurischen Roheit behalten muſsten, wodurch sich die Thessalier, im Durchschnitt genommen, von andern feiner gebildeten Griechen nicht zu ihrem Vortheil auszeichnen. Aber diese zufällige Verschiedenheit konnte die natürliche Wirkung des sympathetischen Instinkts nicht aufhalten; die schöne Lais spürte ihre Hälfte auf den ersten Anblick aus; und nun erfolgte alles, wie es uns Plato, im Nahmen des Aristofanes, (als des ersten Erfinders der Doppelmenschen) so unverschleiert beschrieben hat, daſs Diogenes der Cyniker selbst nicht natürlicher von der Sache hätte sprechen können.

Aber wozu diese Erörterung? Du erinnerst sehr wohl, bester Learch, daſs es hier nicht um eine begreifliche Erklärung des Geschehenen zu thun ist, sondern um ein Mittel gröſseres Unheil zu verhüten. Noch ist nicht alles verloren; und wofern auch Lais (wie ich ihr's zutraue) sich in den Kopf setzen sollte, ihrer ersten Liebe bis in den Tod getreu zu bleiben: so bin ich nicht ohne Hoffnung, daſs Pausanias, in einen Kreis von edeln und guten Menschen versetzt, selbst noch ein besserer Mensch, und dessen, was Sie für ihn thut, würdiger werden könnte. Der beygelegte kleine Brief, um dessen Übergabe ich dich bitte, enthält den einzig möglichen Versuch, den ich machen kann; wiewohl mir ich weiſs nicht was für eine Ahnung sagt — was ich weder denken noch aussprechen mag.

Es wird dir zugleich, nebst einen kleinen Xenion für dich selbst, ein mit Gold beschlagenes Kistchen von Ebenholz für die schöne Lais zugestellt werden. Es enthält einen Halsschmuck von rundgeschliffnen Granaten und Hyacinthen, und ein daran hängendes mit Saffieren und Rubinen besetztes goldnes Bruststück, worauf Kleone den Amor Anakreons gemahlt hat, wie er von drey Musen mit Rosenkränzen gebunden der Schönheitsgöttin ausgeliefert wird. Du wirst, wenn mich meine Vorliebe für alles, was aus Kleonens Händen kommt, nicht sehr verblendet, finden, daſs sie in solchen kleinen Gemählden mit Parrhasius selbst um den Preis streiten könnte. Das Ganze ist ein Gegengeschenk von Musarion und Kleone für ein beynahe zu kostbares Geschenk, das Lais ihnen vor einiger Zeit zum Andenken überschickte, und das, wenn wir es annehmen sollten, mit keinem geringern erwiedert werden konnte.

35.

Aristipp an Lais.

Ich vernehme von unserm Freund Learch, liebe Lais, daſs du Anstalten machest, Korinth zu verlassen und deinen künftigen Wohnsitz in dem reitzenden Thessalien aufzuschlagen.

Auch mir schweben noch so angenehme Erinnerungen von dem zauberischen Tempe und andern anmuthigen Ufergegenden des

Peneus vor, daſs ich deine Vorliebe zu dem Vaterlande der ältesten und schönsten Mythen der Griechen nicht miſsbilligen kann.

Aber, wenn die Wünsche deiner Freunde Kleonidas und Aristipp, von den freundlichsten Einladungen deiner Musarion und ihrer Schwester Kleone unterstützt, etwas bey dir vermöchten; wenn du bedenken wolltest, wie glücklich du uns alle durch deinen Besuch machen, und wie vergnügte Tage du selbst (wie wir uns schmeicheln) in unsrer Mitte leben könntest: so wirst du es für keine Zudringlichkeit halten, wenn wir dich bitten, die Reise nach Thessalien — nicht aufzugeben, nur ein einziges Jahr aufzuschieben, und dieses Jahr deinen Freunden in Cyrene zu schenken, die sich beeifern würden, dich für das Opfer, das du ihnen dadurch brächtest, so viel ihnen nur immer möglich wäre zu entschädigen. Cyrene ist seit einigen Jahren eine Art von Athen geworden, friedsamer, ruhiger, und vielleicht sogar gastfreundlicher als jenes Attische; und es hätte dir, um nicht zu viel zu sagen, wenigstens für ein Jahr Stoff und Gelegenheit zu den angenehmsten Unterhaltungen überflüssig anzubieten. Du würdest, nach deinem Gefallen, entweder in meinem Hause in der Stadt oder auf meinem nahe bey Cyrene gelegenen Landsitze, oder wechselsweise bald in dem einen bald in dem andern wohnen, und in jenem einen kleinen Tempel der Kunst, in diesem sogar eine Art von Akademie zu deinem Gebrauch haben. In beiden ist alles schon zu deinem Empfang bereit; und wer es auch sey, den du zum Begleiter wählen wirst, er soll die Aufnahme eines Bruders finden, und uns desto werther seyn, je näher er dem Herzen unsrer Freundin ist.

Laſs mich den Schmerz nicht erfahren, beste Lais, mein Vertrauen auf deine Freundschaft getäuscht zu sehen, und nimm inzwischen, als ein Unterpfand unsrer Gesinnungen für dich, das kleine Xenion freundlich an, wodurch Musarion und Kleone dir ihre Dankbarkeit zu zeigen wünschen, und womit sie dich (wenn du ihre Freude vollkommen machen willst) bey deiner Ankunft in Cyrene geschmückt zu sehen hoffen.

Du siehst wir rechnen so sehr auf deine Groſsmuth, daſs wir es gar nicht für möglich halten, eine Fehlbitte bey dir gethan zu haben.

36.

Lais an Aristipp.

Mein Traum ist nur zu bald in Erfüllung gegangen, lieber Aristipp! Die höhern Mächte haben eine strenge Rache an mir ausgeübt; Adrasteia, daſs ich vier und zwanzig Jahre lang gar zu glücklich war; die Götter der Liebe, daſs ich ihnen so lange Trotz zu bieten wagte. Xenofons Cyrus hat Recht behalten; nur darin irrt er sich, wenn er glaubt, das was er für das einzige Rettungsmittel gegen den furchtbarsten aller Dämonen hält, die Flucht, stehe immer in unsrer Macht.

Aber, gesetzt er hätte auch in diesem Stücke Recht, so verzeiht mir lieben Freunde, daſs ich euch sagen muſs, ihr habt nicht bedacht was ihr mir ansinnt. Nein, gute Musarion, nein, liebenswürdige Kleone! — Lais kann nie die dritte unter euch seyn! — Überlaſst sie ihrem Schicksal, und bittet die Götter, daſs es erträglich ausfalle.

Euer schönes Geschenk, dem die Hand der glücklichen Kleone einen unschätzbaren

Werth gegeben hat, nehme ich unter der einzigen Bedingung an, daſs es nach meinem Tode durch Learchs Besorgung wieder an die holden Geberinnen zurückkehre.

Lebet wohl, Aristipp und Kleonidas — meine Freunde — lebet wohl! Verachtet diese zwey kleinen Myrtenzweige nicht, die ich euch zum Andenken schicke — Sie welkten an meinem Herzen, und sind mit meinen Thränen für euch eingeweiht.

Wenn ich an den Ufern des Peneus die Ruhe wieder finde, so werdet ihr mehr von mir hören; — wo nicht, so laſst mich in eurer Erinnerung leben, und seyd glücklich!

Ende des dritten Buchs.

ANMERKUNGEN

ZUM DRITTEN BUCH.

1) Eine Anspielung auf Pindars *Ολβιαν Κορινθον, Ισθμιου προθυρον Ποσειδανος ἀγλαοκουρον*, im dreyzehnten Olympischen Siegesgesang. Anspielungen dieser Art kommen in diesen Briefen so häufig vor, daſs man es, aus dem schon vormahls angeregten Grunde, bey Bemerkung der gegenwärtigen lassen will.

2) Diogenes von Laerta nennt unter denen, welche die Filosofie Aristipps aus der Quelle zu schöpfen vorzügliche Gelegenheit hatten, einen Antipater von Cyrene; der Nahme ist aber alles, was er von ihm zu wissen scheint. Ob es eben derselbe ist, den wir aus diesen Briefen kennen lernen, oder nicht, kann uns gleichgültig seyn, wenn der unsrige nur gekannt zu werden verdient.

3) Milon von Krotona, der berühmteste Athlet seiner Zeit (er wurde sechsmahl zu Delfi und eben so oft zu Olympia gekrönt, und da er zum siebenten Mahl in die Schranken trat, sogar ohne Kampf, weil sich niemand fand, der es mit ihm aufnehmen wollte) soll auch ein Zuhörer und Freund des Filosofen Pythagoras gewesen seyn.

4) „Die Fahrt nach Korinth ist nicht jedermanns Sache.“ Dieses Sprüchwort scheint schon lange vor der schönen Lais im Munde der Griechen gewesen zu seyn, wurde aber scherzweise auf diejenigen angewandt, die um ihrentwillen nach Korinth reiseten.

5) Plutarch führt in seinem Solon dieses Distichon von ihm an, welches aus den kleinen Gedichten genommen scheint, womit Solon sich in seinem hohen Alter die Zeit vertrieb, und die vermuthlich zu Plutarchs Zeiten noch vorhanden waren:

Εργα δὲ Κυπρογενοῦς νυν μοι φιλα και Διονυσου
Και Μουσεῶν, ἃ τιθισ' ἀνδρασιν εὐφροσυνας.

6) Was Hippias hier in seiner Manier, und in dem Tone, worin er von Plato zu

reden gewohnt ist, erzählt, stimmt, der Hauptsache nach, völlig mit der Erzählung des Diogenes Laertius überein, der sich deſshalb auf den Speusipp (in einer Schrift, Platons Begräbniſsschmaus betitelt) auf den Klearch (in dessen Lobrede auf Plato) und auf den Anaxilides (im zweyten Buche seines, vermuthlich historischen, Werks von den Filosofen) beruft.

7) Ein Korinthischer Eupatride, welcher, nach der wahrscheinlichen Berechnung des de la Nauze, in der ein und vierzigsten Olympiade sich der Alleinherrschaft über Korinth bemächtigte, und sie nach einer dreyſsigjährigen Regierung seinem Sohne Periander hinterlieſs. Dieser Kypselus war es, der den sieben weisesten Männern unter seinen Griechischen Zeitgenossen das Gastmahl gab, welches Plutarch irrig seinem Sohne zuschreibt, wenn anders der von Diogenes Laertius angezogene alte Geschichtschreiber Archetimus von Syrakus Glauben verdient, welcher bey diesem Gastmahle selbst zugegen gewesen zu seyn versicherte. Noch bekannter ist dieser Nahme in der Geschichte der Griechischen Kunst durch einen Kasten geworden, der im Tempel der Juno zu Olympia zu sehen war; ein von

den Kypseliden zu Korinth zum Andenken ihres Anherrn dahin gestiftetes Weihgeschenk, dessen Kenntniſs wir einer sehr genauen, aber ohne allen Kunstsinn und daher auch ohne Rücksicht auf die Kunst abgefaſsten Beschreibung des Pausanias zu danken haben, die von einem der gelehrtesten und scharfsinnigsten Alterthumsforscher unsrer Zeit in einer eigenen Abhandlung über den Kasten des Kypselus u. s. w. (Göttingen, 1770) mit dem Fleiſs, den ein so altes Kunstwerk verdiente, erläutert worden ist.

8) *S. Plinii Hist. Natur. L.* 35. *c.* 11. *Euphranor — fecit et Colossos, et marmora, ac scyphos scalpsit; docilis et laboriosus ante omnes et in quocunque genere excellens atque sibi aequalis. Hic primus videtur expressisse dignitates Heroum et usurpasse symmetriam; sed fuit universitate corporum exilior, capitibus articulisque grandior. Volumina quoque composuit de Symmetria et coloribus.* Alles dieſs hängt nicht sonderlich zusammen, scheint aber durch das, was Aristipp in diesem Briefe von Eufranorn sagt, und diesen selbst sagen läſst, wenigstens was den ihm gemachten Vorwurf betrifft, ein ziemlich befriedigendes Licht zu erhalten.

9) Die Anekdote, auf welche Diogenes hier, mit so vieler Bescheidenheit als man von einem Cyniker nur immer verlangen kann, deutet, hat ihre Richtigkeit, wenn Athenäus, wenigstens was den Hauptpunkt betrifft, Glauben verdient. Wie sich diefs mit dem Karakter unsrer Lais zusammen reimen lasse, macht uns der folgende Brief begreiflich.

10) Athenäus hat uns ein ziemlich grofses Bruchstück aus der Anti-Lais dieses sonst unbekannten Dichters im dreyzehnten Buch seines beynahe aus lauter Fragmenten zusammengesetzten Gelehrtenschmauses aufbehalten, welches zum Belege alles dessen, was hier von ihm gesagt wird, dienen kann, und wovon eine meisterhafte Übersetzung in der Abhandlung meines gelehrten Freundes J. über die Griechischen Hetären, im zweyten Hefte des dritten Bandes des Attischen Museums zu finden ist.

11) Wie diese profetische Vermuthung Aristipps vornehmlich in dem goldnen Zeitalter der nie genug zu preisenden Kaiser, Hadrian und beider Antonine in Erfüllung gegangen, davon finden sich, unter andern, in Lucians Nigrinus, wo er das damahlige Athen mit dem damahligen Rom so treffend kontrastieren läfst, sehr schöne Beweisstellen.

Fortsetzung des erklärenden Verzeichnisses der in diesen Briefen vorkommenden Griechischen Wörter.

Anthesterion, der achte Monat des Attischen Jahres, wovon ein Drittel mit unserm Februar, und zwey Drittel mit unserm März zusammentreffen.

Δευτεραι φροντιδες (*σοφωτεραι*) die zweyten Gedanken (d. i. diejenigen, die aus Überlegung entspringen) sind die weiseren. Ein nicht immer wahres Sprüchwort.

Elafebolion, der neunte Monat der Athener, dessen erstes Drittel in unsern März, und der Rest in unsern April fällt.

Erotik, die Wissenschaft der Liebe (bis jetzt noch nicht aufs reine gebracht.)

Euryprokten, *Ευρυπρωκτος* ist ein schmähliches Beywort, womit Aristofanes in seinen

Wolken die sämmtlichen Athener beschmitzt, und welches ich unter die unübersetzlichen gezählt hätte, wenn die Lexikografen in diesem Stücke die Maxime der Cyniker, *naturalia non sunt turpia*, nicht so weit ausdehnten, dafs sogar der berühmte Professor Schneider in Frankfurt kein Bedenken getragen hat, es in seinem trefflichen Griechischdeutschen Wörterbuch mit der möglichsten Treue und Energie durch das neugestempelte Wort Weitarsch in unsre (ihrer Züchtigkeit wegen mit Recht gepriesene) Sprache einzuführen.

Mystagog wurde bey den Eleusinischen und andern Mysterien derjenige Priester genannt, der die Aspiranten in das Heiligthum zum Anschauen der Geheimnisse einführte, und ihnen das, was sie hörten und sahen, erklärte. Man begreift hieraus, in welchem Sinne Platons Diotima in Aristipps Sympósion scherzweise die Mystagogin der Liebe genennt wird.

Meteoroleschie, ein Aristofanisches Wort, um der Sofisten (Pseudo-Filosofen) zu spotten, welche von den Dingen über uns, die man damahls Meteoren hiefs, mehr schwatzten als sie wufsten. Das Beywort meteorisch erklärt sich hieraus von selbst.

Munychion, der zehnte Monat der Athener, der dem letzten Drittel des Aprils, und den zwey ersten des Mays entspricht.

Paean, festlicher Lobgesang auf eine Gottheit, besonders auf den Apollo.

Penia (Dürftigkeit) eine Göttin oder Nymfe von Platons Schöpfung.

Peplos, eine Art von weiblichem Staatsgewand. Besonders wurde die grofse prächtig gestickte Tapezerey so genannt, welche alle fünf Jahre an den grofsen Panathenäen (einem Feste der Schutzgöttin von Athen) in einem feierlichen Aufzuge aus dem Pompeion nach dem Tempel der Minerva geführt und daselbst aufgehangen wurde. *S. Voiage du jeune Anacharsis Vol. 2. pag.* 491.

Porus, Gott der Betriebsamkeit, des Erwerbs und des daher entspringenden Reichthums; ebenfalls (wie es scheint) von Platons Erfindung.

Thesmotheten hiefsen zu Athen unter den neun jährlichen Archonten die sechs letztern, denen die Oberaufsicht über die Vollziehung der Gesetze anvertraut war.

FSC®
www.fsc.org
MIX
Papier | Fördert
gute Waldnutzung
FSC® C083411

Kolibri 360 GmbH
Ferdinand-Jühlke-Straße 7
99095 Erfurt, Deutschland
produktsicherheit@kolibri360.de